H. Kaufmann
L. Jecklin

Grundlagen der anorganischen Chemie

Elfte Auflage

1988
Birkhäuser Verlag
Basel · Boston · Berlin

1. Auflage 1960, 1.– 4. Tausend
11. Auflage 1988, 161.–170. Tausend

CIP-Kurztitelaufnahme der Deutschen Bibliothek

Kaufmann, Heinz:
Grundlagen der anorganischen Chemie / H. Kaufmann u. L. Jecklin. – 11. Aufl., 161.–170. Tsd. – Basel; Boston; Berlin: Birkhäuser, 1988
ISBN 3-7643-2212-8
NE: Jecklin, Luzius.

ISBN 3-7643-2212-8

Vorwort zur ersten Auflage

Das vorliegende Werkchen von H. KAUFMANN und L. JECKLIN entspricht einem wirklichen Bedürfnis. Erfahrungsgemäß bereiten nämlich die allgemeinen Grundgesetze der anorganischen Chemie dem Anfänger beachtliche Schwierigkeiten. Es ist daher sehr erfreulich, daß nun dem Studierenden die Möglichkeit gegeben ist, sich ohne viel Mathematik eine solide Grundlage anzueignen. Sehr zu begrüßen ist, daß die Bedeutung der pH-Verhältnisse für die Chemie der wäßrigen Lösungen verhältnismäßig eingehend behandelt wird. Das Büchlein kann dem Medizinstudenten in den ersten Semestern gute Dienste leisten. Auch interessierten Gymnasiasten ist es für die Vertiefung des im Unterricht Gehörten nützlich. Eine wertvolle Hilfe bedeuten dürfte es fernerhin für all diejenigen, welche Chemie als Nebenfach betreiben, insbesondere auch für Medizinstudenten bei der Examensvorbereitung. Auch dem vorgerückten Vollchemiker dürfte diese Schrift als kurzgefaßtes Repetitorium willkommen sein.

Prof. Dr. R. WIZINGER

Vorwort zur neunten Auflage

Die gute Aufnahme, der sich diese kurze Einführung in die Grundlagen der anorganischen Chemie nach wie vor erfreuen kann zeigt, daß dafür wirklich ein Bedürfnis besteht. Für die nun vorliegende neunte Auflage erschien eine gründliche Überarbeitung des Textes wünschenswert, um verschiedene Entwicklungen der letzten Zeit berücksichtigen zu können. Ohne vom zugrundeliegenden Konzept abzugehen, sind zahlreiche Abschnitte umgeschrieben und ergänzt worden, um den Text noch besser auf die Erfordernisse eines modernen Chemieunterrichts abzustimmen. Soweit sie sich in der Chemie bereits fest eingebürgert haben, werden nur SI-Einheiten verwendet. Dabei sind aber jeweils auch die Angaben in den früher üblichen Einheiten erwähnt, da deren Kenntnis für das Studium der chemischen Literatur unbedingt notwendig ist. Ebenfalls übernommen wurden verschiedene von der *International Union of Pure and Applied Chemistry* (IUPAC) empfohlene Definitionen und Schreibweisen (u. a. Iod, Cobalt, Bismut anstelle von Jod, Kobalt, Wismut) sowie die 1979 neu festgelegten Atomgewichte.

Allen Lesern, die durch ihre Hinweise die Beseitigung von kleinen Fehlern erleichterten, sei auch an dieser Stelle bestens gedankt. Insbesondere ist der eine von uns (H.K.) Herrn Dr. Paul R. Mitchell, Institut für anorganische Chemie der Universität Basel, für eine Reihe von anregenden Diskussionen zu Dank verpflichtet.

Basel, im Frühjahr 1982 H.K. und L.J.

Für die nun vorliegende 11. Auflage wurde der Text wiederum sorgfältig durchgesehen, im wesentlichen aber unverändert übernommen.

Basel, im April 1988 H.K. und L.J.

Inhaltsverzeichnis

Atombau und periodisches System

1. Einführung

Seit der Entdeckung des Sauerstoffs durch PRIESTLEY (1774) und SCHEELE (1777) und der Einführung der Waage zu Meßzwecken durch LAVOISIER (1743–1794) hat die Chemie einen ungeheuren Aufschwung genommen. LAVOISIER hat die große Bedeutung der Gewichtsverhältnisse bei chemischen Vorgängen erkannt und unter anderem gezeigt, daß die Verbrennung nichts anderes ist als die schnelle chemische Verbindung eines Stoffes mit Sauerstoff und daß Hitze und Licht nur Begleiterscheinungen dieses Vorgangs sind. LAVOISIER war auch der erste, der seine Versuche in abgeschlossenen Gefäßen auf der Waage durchführte, z. B.

$$\text{Quecksilber} + \text{Sauerstoff} \longrightarrow \text{Quecksilberoxid}$$

und dabei feststellte, daß die Waage im Gleichgewicht blieb. Aus dieser Tatsache folgte das *Gesetz von der Erhaltung der Masse:* Bei einer chemischen Reaktion ist die Masse der Ausgangsstoffe gleich der Masse der Endprodukte.

Es sei schon hier darauf hingewiesen, daß dieses Gesetz nicht gilt, sobald Kernreaktionen zur Diskussion stehen. Dort werden nämlich nach der EINSTEINschen Massen-Energie-Relation $E = mc^2$ (E = Energie, m = umgesetzte Masse, c = Lichtgeschwindigkeit) unter Massenverlust riesige Energiemengen frei (Atomkraftwerke, Atomwaffen!).

Die weiteren Forschungen befaßten sich mit der Verbindungsbildung, wobei die Aufmerksamkeit hauptsächlich auf die Gewichtsverhältnisse gerichtet war. Aus diesen Untersuchungen folgten die stöchiometrischen Gesetze:

Gesetz der konstanten Proportionen: Zwei Elemente treten in einer bestimmten Verbindung immer im gleichen Gewichtsverhältnis auf. So ist das Gewichtsverhältnis Na : Cl im Kochsalz NaCl immer 1 : 1,542, für Wasser H_2O ist das Verhältnis H : O = 1 : 7,94.

Gesetz der multiplen Proportionen: Können zwei Elemente miteinander verschiedene Verbindungen bilden, so stehen die Gewichtsmengen des einen Elements (z. B. Sauerstoff), die sich mit einer bestimmten, immer gleich großen Gewichtsmenge des anderen Elements (z. B. Stickstoff) verbinden, in einem einfachen Verhältnis kleiner ganzer Zahlen. Bei den Oxiden des Stickstoffs N_2O, NO, N_2O_3, NO_2 und N_2O_5 entfallen auf jeweils 14 g Stickstoff 8, 16, 24, 32 und 40 g Sauerstoff. Die Sauerstoffmengen, die sich mit 14 g Stickstoff zu den oben aufgezählten Stickstoffoxiden verbinden, bilden somit das Verhältnis 1 : 2 : 3 : 4 : 5.

Gesetz der Äquivalentgewichte: Zwei Elemente verbinden sich immer im Verhältnis ihrer Äquivalentgewichte oder ganzzahliger Vielfacher davon. Die Äquivalentgewichte geben an, wieviel Gramm eines Stoffes sich mit 1 g Wasserstoff umsetzen oder 1 g Wasserstoff in einer wasserstoffhaltigen Verbindung ersetzen können. Beispiel (Kochsalz):

Chlorwasserstoff	HCl	H : Cl	=	1 : 35,5
Natriumhydrid	NaH	H : Na	=	1 : 23

Das eine Gramm Wasserstoff, das in 36,5 g Chlorwasserstoff enthalten ist, läßt sich also durch 23 g Natrium ersetzen. Daraus ergibt sich für

Kochsalz	NaCl	Na : Cl =	23 : 35,5

Mit einem Schlage anschaulich und verständlich wurden diese Gesetze, nachdem DALTON (1803) seine Atomhypothese aufstellte. Danach sind chemische Elemente nicht beliebig oft teilbar, sondern aus kleinsten, chemisch nicht mehr teilbaren und unter sich gleichen Teilchen, den Atomen, aufgebaut. Diese Atome gruppieren sich bei der Verbindungsbildung zu Molekülen oder Ionenverbindungen, was zur Folge hat, daß die Zusammensetzung der Verbindung konstant ist und die Gesetze über die konstanten und multiplen Proportionen offensichtlich werden (die Moleküle einer bestimmten Verbindung bestehen immer aus gleich vielen Atomen, z. B. bei Wasser immer aus zwei Wasserstoffatomen und einem Sauerstoffatom). Weiter folgt aus dem oben angegebenen Beispiel für Kochsalz, daß ein Natriumatom 23mal, ein Chloratom 35,5mal schwerer ist als ein Wasserstoffatom.

Bei diesen Zahlen handelt es sich um die erste Festlegung von Atomgewichten, wobei der Wasserstoff als Bezugselement diente. Diese Atomgewichte gaben an, wievielmal schwerer ein Atom ist als ein Wasserstoffatom. Später wurde als Bezugselement der Sauerstoff mit dem

Atomgewicht 16,0000 gewählt; die Atomgewichte gaben dabei an, wievielmal schwerer ein Atom ist als 1/16 Sauerstoffatom.

Seit 1961 werden alle Atomgewichte auf das Kohlenstoff-Isotop $^{12}_{6}C$ bezogen. Sie geben also an, wievielmal schwerer ein Atom eines bestimmten Elements ist als 1/12 $^{12}_{6}C$-Kohlenstoffatom[1]

Die hier angeführten Gesetze über konstante Gewichtsverhältnisse sind aus genauen quantitativen Untersuchungen von chemischen Reaktionen hervorgegangen. Sie haben für fast alle Verbindungen und Reaktionen Gültigkeit.

Auf diesen Gesetzen beruht auch das gesamte stöchiometrische Rechnen: Kennt man den Verlauf einer chemischen Reaktion, so kann man aus der Menge der eingesetzten Ausgangsstoffe die zu erwartende Menge der Endprodukte berechnen.

2. Die ersten Versuche zur periodischen Klassifizierung der Elemente

2.1 *Der Elementbegriff*

Schon BOYLE (1661) hatte den Begriff Element klar umschrieben: Ein Element ist ein Stoff, der mit chemischen Mitteln nicht mehr zerlegt werden kann. Ein solches Element ist außerdem nach DALTON aus unter sich gleichen Atomen aufgebaut (vgl. dazu aber Kapitel 7.2).

2.2 *Atomgewichtsbestimmungen*

Entscheidend für die weitere Entwicklung war die Bestimmung der Atomgewichte aller bekannten Elemente. Mit Hilfe der quantitativen Analyse gelingt es leicht, die Äquivalentgewichte der Elemente zu bestimmen (Elemente verbinden sich ja im Verhältnis der Äquivalentgewichte miteinander). Das Äquivalentgewicht muß aber mit dem Atomgewicht nicht übereinstimmen. Wie noch gezeigt werden soll, kann das Atomgewicht auch ein ganzzahliges Vielfaches des Äquivalentgewichts sein.

Für die Bestimmung des Atomgewichts stehen verschiedene Methoden

[1] Über Isotope vgl. Seite 28. Da die Atomgewichte auf das $^{12}_{6}C$-Kohlenstoff-Isotop bezogen werden, erhält der natürliche Kohlenstoff, der ein Isotopengemisch ist, das Atomgewicht 12,011.

zur Verfügung. Speziell für die Metalle eignet sich das Gesetz von DULONG-PETIT. Danach erhält man als Produkt aus Atomgewicht und spezifischer Wärme für alle Elemente, die fest sind und ein Atomgewicht von mehr als 35 aufweisen, einen Wert von ungefähr 6,3 cal/Grad:

$$\text{Atomgewicht} \times \text{spezifische Wärme} \approx 6{,}3\ \text{cal/Grad}^{1}$$

Beispiel einer Atomgewichtsbestimmung: Für Calcium kann man das Äquivalentgewicht (20,04) und die spezifische Wärme (0,16 cal/Grad) experimentell genau bestimmen. Daraus ergibt sich für das Atomgewicht nach DULONG-PETIT A = 6,3 cal/Grad : 0,16 cal/Grad = 39,4. Das ist ungefähr das Doppelte des Äquivalentgewichts. Den genauen Wert für das Atomgewicht erhält man somit durch Verdoppelung des Äquivalentgewichts: 2 × 20,04 = *40,08!*

Die meisten Atomgewichte wurden aber durch indirekte Verfahren bestimmt. Man untersuchte möglichst einfache Wasserstoff- oder Sauerstoffverbindungen eines Elements und ermittelte das Gewichtsverhältnis der darin enthaltenen Elemente. Ursprünglich wurde willkürlich dem Wasserstoff das Atomgewicht 1 zugeordnet. Die Atomgewichte ergaben sich dann beispielsweise wie folgt:

Verbindung	Gewichtsverhältnis	Atomgewicht von
H_2O	H : O = 1 : 7,94	O 2 × 7,94 = 15,88
HCl	H : Cl = 1 : 35,175	Cl 1 × 35,175 = 35,175
NH_3	H : N = 1 : 4,63	N 3 × 4,63 = 13,89

Da für derartige Untersuchungen Sauerstoffverbindungen günstiger sind und auch in größerer Anzahl zur Verfügung stehen, wurde später der Sauerstoff mit dem Atomgewicht 16,000 als Bezugspunkt gewählt und die oben angegebenen Werte entsprechend umgerechnet. Damit kam man zu den bis 1960 gebräuchlichen Atomgewichten (vgl. Seite 9).

2.3 *Doebereiners Triaden*

Der erste Versuch, verschiedene Elemente zu Gruppen zusammenzufassen, wurde von DOEBEREINER (1829) unternommen. Es gelang ihm Dreiergruppen von Elementen mit ähnlichen chemischen Eigenschaften aufzustellen, sogenannte Triaden. Interessant ist, daß das Atomgewicht des mittleren Elements ungefähr dem arithmetischen Mittel der Atomgewichte der beiden andern Triadenglieder entspricht. Beispiele:

[1] In SI-Einheiten (1 cal = 4,186 J) : 26,4 J/Grad. Für diese Überlegungen wird jedoch die Einheit cal verwendet, da die meisten Tabellenwerke Angaben über die spezifische Wärme in cal/Grad enthalten.

$$\text{Cl } 35{,}5 \qquad \text{Br } \frac{35{,}5 + 126{,}9}{2} = 81{,}2 \text{ (genau } 79{,}9) \qquad \text{I } 126{,}9$$

$$\text{Ca } 40{,}1 \qquad \text{Sr } \frac{40{,}1 + 137{,}4}{2} = 88{,}7 \text{ (genau } 87{,}6) \qquad \text{Ba } 137{,}4$$

Daraus ergibt sich eine weitere Möglichkeit zur Abschätzung von Atomgewichten.

2.4 *Das erste periodische System*

Den entscheidenden Schritt in der Entwicklung des periodischen Systems tat D. I. MENDELEJEFF (1869). Er ordnete die damals bekannten Elemente nach steigendem Atomgewicht und setzte dabei Elemente mit ähnlichen chemischen Eigenschaften untereinander:

Li	Be	B	C	N	O	F	→ nach steigendem Atomgewicht
Na	Mg	Al	Si	P	S	Cl	→ Perioden
K	Ca						
↓	↓						

Nach chemischer Ähnlichkeit
Gruppen

MENDELEJEFFS periodisches System enthielt bereits ungefähr 60 Elemente, deren Anordnung nicht wesentlich von der heute üblichen abweicht. Die Elemente, die nebeneinander in einer Zeile stehen, bilden eine Periode, die untereinander stehenden Elemente eine Gruppe.

3. Atombau

Die bis jetzt erwähnten Gesetze und Klassifizierungsversuche beruhen alle auf rein empirischen Grundlagen, doch ist es interessant, daß sie sich bis heute als richtig erwiesen haben.

Durch die Erforschung der Radioaktivität und die Entdeckung der *Elementarteilchen* wurde offensichtlich, daß auch Atome aus mehreren Teilen aufgebaut sind. Die gründliche Untersuchung des Atombaus begann erst am Anfang des 20. Jahrhunderts. Die Bausteine, aus denen sich sämtliche Atome zusammensetzen, sind die *Protonen* (mit einer positiven elektrischen Elementarladung), die *Elektronen* (mit einer negativen elektrischen

Elementarladung) und die elektrisch neutralen *Neutronen.* Außerdem wurde noch eine größere Zahl weiterer, meist sehr leichter und instabiler Elementarteilchen gefunden, die jedoch nur im Zusammenhang mit Kernreaktionen auftreten.

Sehr aufschlußreich war ein Versuch von ERNEST RUTHERFORD. Er bestrahlte eine sehr dünne Aluminiumfolie mit α-Partikeln. Diese Partikel bestehen aus zwei Protonen und zwei Neutronen und sind somit doppelt positiv geladen. Sie entstehen beim Zerfall von radioaktiven Elementen (z. B. Uran) und können wenn nötig in einem elektrischen Feld auf hohe Geschwindigkeiten beschleunigt werden (vgl. Kapitel 39). Die meisten dieser positiv geladenen Partikel treten ungehindert durch die Folie hindurch, wenige werden jedoch stark abgelenkt oder sogar zurückgeworfen. Die abgelenkten α-Teilchen müssen also in die Nähe einer starken, ebenfalls positiven Ladung gekommen sein. Diese muß auf einen kleinen Raum konzentriert sein, da ja die meisten α-Teilchen gar nicht beeinflußt werden.

E. RUTHERFORD zog aus diesem Ergebnis folgenden Schluß: Das Atom besteht aus einem *Kern,* der die positive Ladung und fast die ganze Masse des Atoms umfaßt, und einer *Hülle* (Schalen), welche die Elektronen (negative Ladung) enthält und zur Atommasse praktisch nichts beiträgt.

Tatsächlich hat jedes Atom im Kern so viele Protonen, wie die Ordnungszahl angibt, und mindestens ebenso viele ungeladene Neutronen (Ausnahme: Wasserstoff). Die Masse eines Elektrons ist etwa $^1/_{1800}$ der Protonen- bzw. Neutronenmasse. Hingegen ist die Ladung eines Elektrons entgegengesetzt gleich groß wie die Ladung eines Protons.

Ein Natriumatom (Ordnungszahl 11, Atomgewicht 23) enthält im *Kern* 11 Protonen und 12 Neutronen, in den *Schalen* 11 Elektronen. Es ist somit von außen betrachtet elektrisch neutral.

Ein weiteres für die Atomforschung sehr wertvolles Hilfsmittel entdeckte MOSELEY bei der Untersuchung von Röntgenspektren. Er fand nämlich, daß die Quadratwurzel aus der Frequenz der Grenzlinie von solchen Röntgenspektren der Kernladungszahl des untersuchten Elements proportional ist. Es gelang ihm so, für alle Elemente die Ordnungszahl, die ja gleich der Protonen- oder Elektronenzahl ist, zu ermitteln.

4. Die Entwicklung des modernen Atommodells

4.1 *Das Wasserstoffatom nach Niels Bohr*

Eines der ersten Atommodelle stammt von NIELS BOHR (1913). Untersucht wurde das einfachste existierende Atom, das Wasserstoffatom, das aus einem Proton (Kern) und einem Elektron (Schale) besteht.

Grundlegend für alle modernen Anschauungen auf dem Gebiet des Atombaus sind die Arbeiten von PLANCK (um 1900). PLANCK zeigte, daß Energie und Ladung gequantelt sind. Das heißt z. B. für die Ladung, daß es eine kleinste, unteilbare und bestimmte Elementar-Ladung e gibt und daß alle vorkommenden Ladungen Q ganzzahlige Vielfache dieses Elementar-Ladungs-Quantums e sein müssen: $Q = ne$ ($n = 1, 2, 3 \ldots$). Elektronen und Protonen tragen je eine solche Elementarladung.

Gibt ein System Energie in Form von Strahlung (Licht) ab, so besteht zwischen ausgestrahlter Energie und der Frequenz des ausgestrahlten Lichts nach den PLANCKschen Theorien die Beziehung $E = h\nu$ (E = Energie, ν = Frequenz der abgegebenen Strahlung, h = PLANCKsche Konstante $= 6{,}626 \cdot 10^{-34}$ Jsec).

So ist auch die Energie, die das Elektron des Wasserstoffatoms besitzt, gequantelt. Bildlich gesprochen heißt das, daß es sich nur auf Kreisbahnen von ganz bestimmten Radien um den Kern bewegen kann. Jeder Bahn entspricht ein Energiewert, so daß diese Kreisbahnen auch als Energieniveaus bezeichnet werden können (siehe Fig. 1).

Diese Tatsache zeigt sich im optischen Spektrum von Wasserstoff. Dieses ist nämlich nicht kontinuierlich, sondern besteht aus einzelnen Linien ganz bestimmter Wellenlängen.

Wie kommen nun diese Linien zustande? Wie erwähnt, stehen dem Elektron des Wasserstoffatoms nur ganz bestimmte Energieniveaus zur Verfügung (Fig. 1). Sie werden von innen nach außen numeriert ($n = 1, 2, 3 \ldots$) oder mit großen Buchstaben $K, L, M \ldots$ bezeichnet. Führt man dem Wasserstoffatom Energie zu, so kann das Elektron auf ein höheres Energieniveau gehoben werden (a in Fig. 1). Wenn das Elektron später wieder auf die ursprüngliche Bahn zurückfällt, wird die vorher aufgenommene Energie in Form von Licht wieder frei. Da nun die Energieniveaus fest

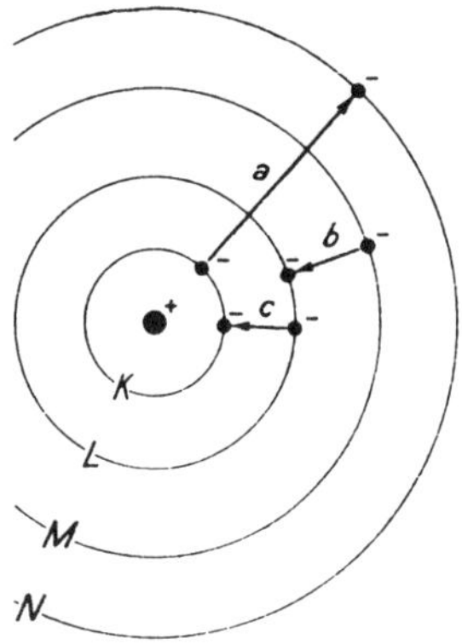

Fig. 1.
(Erklärung im Text)

sind, entsprechen diesen Elektronenübergängen ganz bestimmte Energiedifferenzen ΔE. Durch die Energiedifferenz ΔE ist nach

$$\Delta E = E_2 - E_1 = h\nu$$

die Frequenz und damit auch die Wellenlänge λ ($\lambda = c/\nu$, c = Lichtgeschwindigkeit) des ausgestrahlten Lichts eindeutig bestimmt. Deshalb ergibt nun jeder mögliche Übergang des Elektrons von einem höheren Energieniveau auf ein tieferes (z. B. von *M* nach *L*, *b* in Fig. 1, oder von *L* nach *K*, *c* in Fig. 1) eine ganz bestimmte Linie im Spektrum.

Als Beispiel seien einige Linien aus dem Wasserstoffspektrum erwähnt. Der Übergang des Elektrons vom

M- zum *L*-Niveau ergibt ein Licht mit λ = 6564 Å (rot),
N- zum *L*-Niveau ergibt ein Licht mit λ = 4862 Å (grün-blau),
O- zum *L*-Niveau ergibt ein Licht mit λ = 4342 Å (violett),
P- zum *L*-Niveau ergibt ein Licht mit λ = 4103 Å (violett),

Enthält ein Atom mehrere Elektronen, so können sich auch diese nur auf den beschriebenen Energieniveaus bewegen. Ein solches Niveau, das durch eine noch zu bestimmende Anzahl von Elektronen besetzt werden kann, wird auch als Elektronenschale, einzeln als *K*-, *L*-, *M*- . . . Schale bezeichnet. Die Schalennummer *n* (= 1, 2, 3 . . .) ist die *Hauptquantenzahl.* Sie gibt an, in welcher Schale sich ein Elektron befindet.

4.2 *Sommerfelds Verbesserung des Atommodells*

Daß mit einer einzigen Quantenzahl das Verhalten des Elektrons nicht völlig erfaßt wird, stellte sich bald heraus, besonders als man daranging, Atome mit mehreren Elektronen zu untersuchen. Während BOHR seine Elektronen auf Kreisbahnen laufen ließ, führte SOMMERFELD auch elliptische Bahnen ein, wobei sich der Atomkern in einem Brennpunkt der Ellipse befinden sollte. Zur Charakterisierung von elliptischen Bahnen sind zwei Größen notwendig: die große und die kleine Halbachse. Die große Halbachse entspricht der Hauptquantenzahl n von BOHR, die kleine Halbachse wird als k oder Nebenquantenzahl bezeichnet. Diese Vorstellung trägt dem Umstand Rechnung, daß die von BOHR verwendeten festen Energieniveaus (K, L, M . . .) in sich wiederum gesetzmäßig aufgespalten sind. Das zeigt sich bei verfeinerten Untersuchungen des Wasserstoffspektrums, indem es darauf ankommt, von welchem Teilniveau der M-Schale ein Elektron auf welches Teilniveau der L-Schale überspringt.

Die Nebenquantenzahl k kann alle ganzzahligen Werte zwischen 1 und n annehmen. Das entspricht elliptischen Bahnen mit der großen Halbachse n und den kleinen Halbachsen $k = 1, 2, 3$ . . . bis n.

Bei den neueren Vorstellungen über den Atombau erhält die Nebenquantenzahl den Buchstaben l und eine etwas andere Bedeutung (Erklärung siehe Abschnitt «Atome im Magnetfeld»).

Für l gilt die Bedingung, daß seine Werte zwischen 0 und $n - 1$ liegen (z. B. $n = 4$, $l = 0, 1, 2, 3$, d. h. die Schale mit der Hauptquantenzahl $n = 4$ ist in 4 Teilschalen aufgespaltet).

Nach der Nebenquantenzahl l lassen sich verschiedene Elektronentypen unterscheiden:

ist $l = 0$, so handelt es sich um s-Elektronen	(*s*harp),
ist $l = 1$, so handelt es sich um p-Elektronen	(*p*rincipal),
ist $l = 2$, so handelt es sich um d-Elektronen	(*d*iffuse),
ist $l = 3$, so handelt es sich um f-Elektronen	(*f*undamental),

wobei die Buchstaben s, p, d, f aus den englischen Bezeichnungen für die zugehörigen Spektrallinien abgeleitet worden sind. Korrekter wäre die Bezeichnung «Elektronen in s-, p-Zuständen» doch soll im Folgenden die einfachere Ausdrucksweise «s-Elektronen», «p-Elektronen» usw. verwendet werden.

Es ist zu bemerken, daß höhere Werte als $l = 3$ für die Nebenquantenzahl in der Praxis nicht vorkommen. Wohl existieren die zu $l = 4$ und $l = 5$ (maximale theoretische l-Werte für $n = 5$ und $n = 6$) gehörigen weiteren Teilschalen, deren Elektronen in Fortsetzung der obigen Tabelle als *g*- und *h*-Elektronen bezeichnet werden. Doch gibt es kein Atom, das so viele Elektronen besitzt, daß eine Besetzung dieser *g*- und *h*-Teilniveaus in Frage käme.

4.3 *Atome im Magnetfeld*

Auch mit den zwei Quantenzahlen *n* und *l* war die Bewegung des Elektrons noch nicht völlig erfaßt. Einen Schritt weiter führten Versuche im Magnetfeld. Wird während der Aufnahme eines Spektrums das Atom in ein Magnetfeld gebracht, so erfolgt für alle Elektronen (außer den *s*-Elektronen) eine weitere Aufspaltung der Spektrallinien. Das hat folgende Konsequenzen:

Das Atommodell des Wasserstoffs von NIELS BOHR kann den Tatsachen nicht voll entsprechen. Würde das Elektron das Proton wirklich auf einer Kreisbahn umfliegen, so entstände ein ebenes Gebilde, das sich im Magnetfeld ausrichten müßte (Kreisstrom im Magnetfeld!). Da eine solche Ausrichtung nicht stattfindet, muß angenommen werden, daß es sich beim Wasserstoffatom um ein kugelsymmetrisches Gebilde handelt. Was für das eine *s*-Elektron des Wasserstoffs gilt, ist ganz allgemein für alle *s*-Elektronen richtig: Anstelle einer Kreisbahn wird ihnen nun ein kugelförmiger Raum zugeordnet, der als Orbital bezeichnet wird (siehe Fig. 2).

Ein weiterer Grund für die Einführung von Elektronenräumen war die 1927 von HEISENBERG aufgestellte *Unschärfenrelation*. Danach ist es unmöglich, für ein Elektron in einem bestimmten Zeitpunkt sowohl den Aufenthaltsort als auch die Richtung und den Betrag der Geschwindigkeit anzugeben. Diese Erkenntnis führte dazu, jedem Elektron anstelle einer festen Bahn einen Raum zuzuordnen. Form und Größe dieses Raumes (= Orbital, «Elektronenwolke») hängen vom Elektronentypus ab. Nach HEISENBERG kann also ein bestimmtes Elektron nicht lokalisiert werden, es ist nur möglich, einen Raum (Orbital) zu beschreiben, in dem sich dieses Elektron mit größter Wahrscheinlichkeit aufhalten wird.

Mit der Einführung von Elektronenräumen, Orbitalen, anstelle von kreisförmigen und elliptischen Umlaufbahnen entsteht eine ganz neue Vorstellung über den Bau des Atoms. Dieses neue Atommodell wird heute allgemein verwendet.

Für p-Elektronen ergibt sich aus Spektren, daß hier eine Einstellung im Magnetfeld erfolgt. Die dritte oder magnetische Quantenzahl m gibt die Zahl der Einstellmöglichkeiten von Orbitalen im Magnetfeld an. Es ist dabei die Zahl der Einstellmöglichkeiten

$$m = 2l + 1.$$

Die Einzelwerte von m werden so bezeichnet, daß sie zwischen $-l$ und $+l$ liegen. Ist also $l = 2$, so kann die magnetische Quantenzahl $2 \times 2 + 1 = 5$ Werte annehmen, die mit $-2, -1, 0, +1, +2$ bezeichnet werden.

Für s-Elektronen ist $l = 0$, m kann also nur den *einen* Wert 0 annehmen ($2 \times 0 + 1 = 1$). Das bedeutet, daß ein Magnetfeld keinen Einfluß auf die s-Orbitale hat, diese also kugelsymmetrisch sind, wobei der Radius der Orbitale mit zunehmender Hauptquantenzahl n ansteigt.

Für p-Elektronen ist $l = 1$, m kann demnach die 3 Werte $-1, 0, +1$ annehmen, es sind also drei Stellungen des p-Orbitals im Raum möglich. Die p-Orbitale sind hantelförmig, sie ordnen sich in die drei Achsen des Koordinatensystems ein; deshalb werden die p-Elektronen oft als p_x-, p_y- und p_z-Elektronen unterschieden.

Fig. 2 zeigt das Aussehen der s- und p-Orbitale:

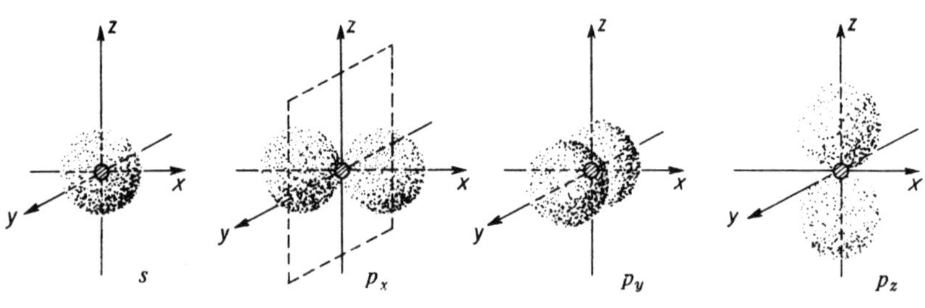

Das s-Orbital kann im Maximum 2 Elektronen enthalten (in der Mitte der Kern: kleiner schraffierter Kreis)

Die drei p-Orbitale sind in den drei Koordinatenachsen angeordnet und können zusammen im Maximum $3 \times 2 = 6$ Elektronen enthalten. Das Rechteck beim p_x-Orbital deutet eine Knotenebene an.

Fig. 2

Anhand von Fig. 2 läßt sich auch leicht die Bedeutung der Nebenquantenzahl *l* im neuen Atommodell zeigen.

Bei *s*-Elektronen ist $l = 0$, das zugehörige Orbital ist einteilig (Fig. 2, links). Bei *p*-Elektronen ist $l = 1$, das zugehörige Orbital ist zweiteilig hantelförmig. Es könnte aus der *s*-Wolke durch Einführung einer Trennungsebene *(Knotenebene,* Ebene, in der sich das Elektron nicht aufhalten darf) durch den Kern abgeleitet werden (Fig. 2, bei p_x).

Die Nebenquantenzahl *l* kann somit in erweitertem Sinne als die Zahl der Knotenebenen aufgefaßt werden:

			Orbitale
s-Elektronen	$l = 0$	keine Knotenebene	1teilig, kugelsymmetrisch
p-Elektronen	$l = 1$	eine Knotenebene	2teilig, hantelförmig
d-Elektronen	$l = 2$	zwei Knotenebenen (senkrecht zueinander)	4teilig, rosettenförmig[1]
f-Elektronen	$l = 3$	drei Knotenebenen (senkrecht zueinander)	8teilig

4.4 *Der Spin*

Die vierte Quantenzahl oder Spinquantenzahl *s* beruht auf der Tatsache, daß sich das Elektron außer um den Kern auch noch um die eigene Achse dreht. Für diesen Drall oder nach dem Englischen *spin* gibt es zwei Möglichkeiten: Die Drehung kann im positiven oder negativen Sinn erfolgen. Dieser Tatsache wird durch die Spinquantenzahl *s* Rechnung getragen. Sie kann die beiden Werte $\pm 1/2$ annehmen.

4.5 *Das Pauli-Prinzip*

Durch die vier Quantenzahlen können die Elektronenzustände genau charakterisiert werden. Für die Verteilung von mehreren Elektronen in die Schalen von komplizierteren Atomen gilt das PAULI-Prinzip (von W. PAULI, Zürich, 1925 aufgestellt):

In einem Atom oder Molekül können nie zwei Elektronen in allen vier Quantenzahlen übereinstimmen.

[1] Vgl. Kapitel 14.5.1 (Seite 57).

Das heißt: Zwei Elektronen müssen sich mindestens in der Spinquantenzahl unterscheiden. Alle in Fig. 2 dargestellten Orbitale können demnach nur je zwei Elektronen enthalten.

4.6 *Die Auffüllung der Elektronenschalen*

Das PAULI-Prinzip und die vier Quantenzahlen ermöglichen es jetzt, die Art der Besetzung der verschiedenen Elektronenschalen zu ermitteln. Das zeigt die untenstehende Tabelle.

Aus dieser Tabelle kann z. B. entnommen werden, daß die *M*-Schale höchstens zwei *s*-Elektronen, sechs *p*-Elektronen und zehn *d*-Elektronen enthalten kann. Diese werden, da sie zur Schale mit der Hauptquantenzahl $n = 3$ gehören, als 3*s*-, 3*p*- und 3*d*-Elektronen bezeichnet (analog enthält die *L*-Schale 2*s*- und 2*p*-Elektronen).

Die maximale Besetzung einer Schale wird durch $2n^2$ gegeben (vgl. hinterste Spalte der Tabelle, für die *M*-Schale ist $n = 3$, sie kann also höchstens $2 \times 3^2 = 18$ Elektronen enthalten).

Schale	Hauptquantenzahl *n*	Nebenquantenzahl *l*	Elektronentypus	Magnetische Quantenzahl *m*	Spinquantenzahl $s = \pm 1/2$	Elektronen je Teilschale maximal	Maximale Elektronenzahl für die ganze Schale
K	1	0	*s*	0	±½	2	2
L	2	0	*s*	0	±½	2	8
		1	*p*	−1, 0, +1	±½	3×2 = 6	
M	3	0	*s*	0	±½	2	18
		1	*p*	−1, 0, +1	±½	3×2 = 6	
		2	*d*	−2, −1, 0, +1, +2	±½	5×2 = 10	
N	4	0	*s*	0	±½	2	32
		1	*p*	−1, 0, +1	±½	3×2 = 6	
		2	*d*	−2, −1, 0, +1, +2	±½	5×2 = 10	
		3	*f*	−3, −2, −1, 0, +1, +2, +3	±½	7×2 = 14	

4.7 *Die Elektronenkonfiguration*

Die Art der Verteilung von mehreren Elektronen in den Schalen eines Atoms wird als Elektronenverteilung oder Elektronenkonfiguration bezeichnet. Diese wird üblicherweise für Atome im Grundzustand angegeben, bei dem sich alle Elektronen in den energieärmsten der zur Verfügung stehenden Orbitale aufhalten (vgl. Kapitel 5). Von den möglichen Schreibarten für Elektronenkonfigurationen werden hier zwei vorgestellt:

In der graphischen Darstellungsweise sind die Elektronen kleine Pfeile, die je nach der Spinrichtung auf- oder abwärts gerichtet sind. Zwei Elektro-

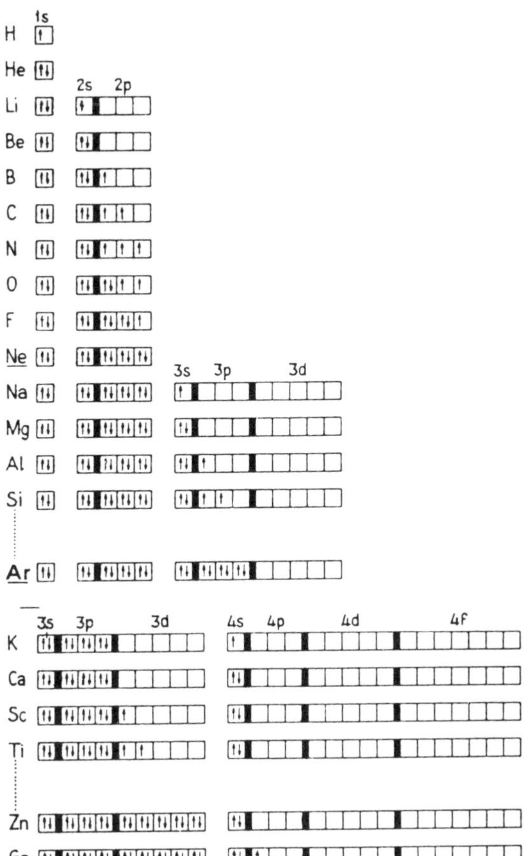

Fig. 3

nenpfeilchen, die sich nur im Spin unterscheiden, werden in einem Kästchen untergebracht, genau so, wie sich die entsprechenden Elektronen zusammen in einem Orbital aufhalten.

Jedes *s*-Niveau besteht aus einem solchen Kästchen, denn ein *s*-Elektronen-Orbital kann ja nur zwei Elektronen enthalten. Ein *p*-Niveau besteht entsprechend aus 3 Kästchen, da 6 Elektronen unterzubringen sind, ein *d*-Niveau aus 5 und schließlich ein *f*-Niveau aus 7 Kästchen. Nach diesem System wurde Fig. 3 entwickelt.

Neben dieser graphischen gibt es auch eine zahlenmäßige Schreibweise. Dabei werden für ein Atom die vorhandenen Elektronen aufgezählt, wobei die Anzahl der im gleichen Energieniveau vorhandenen Elektronen mit einem Exponenten wiedergegeben wird. Sauerstoff z. B. besitzt zwei 1*s*-Elektronen, zwei 2*s*-Elektronen und vier 2*p*-Elektronen, so daß die Elektronenkonfiguration durch den Ausdruck $1s^2\ 2s^2\ 2p^4$ (lies: eins *s* zwei, zwei *s* zwei, zwei *p* vier) wiederzugeben ist.

5. Ableitung des periodischen Systems

Mit Hilfe der dargestellten Erkenntnisse wird es möglich, das periodische System der Elemente logisch herzuleiten, wenn man zusätzlich noch die Energie der verschiedenen Niveaus berücksichtigt, die für die Reihenfolge der Auffüllung der Schalen massgebend ist. Jedes Elektron besetzt das energieärmste noch freie Plätze aufweisende Orbital. Die Lage der Energieniveaus der verschiedenen *s*-, *p*-, *d*- und *f*-Orbitale ist schematisch in Fig. 4a dargestellt.

Das Elektron des Wasserstoffatoms befindet sich auf dem 1*s*-Niveau. Beim Helium tritt noch ein zweites Elektron in das 1*s*-Niveau ein, die Elektronenkonfiguration des He ist $1s^2$. Damit ist die *K*-Schale vollständig aufgefüllt. Das dritte Elektron, das beim Lithium dazukommt, hat deshalb auf dem 1*s*-Niveau keinen Platz mehr. Es tritt am energieärmsten noch freien Platz ein, ins 2*s*-Niveau.

Aus Fig. 4a geht nun hervor, weshalb nicht alle Teilschalen mit der gleichen Hauptquantenzahl vollständig aufgefüllt werden, bevor mit der Besetzung von Orbitalen der nächsthöheren Schale begonnen wird. So wird nach dem Auffüllen des 3*p*-Niveaus das 4*s*-Niveau, da es energiemässig

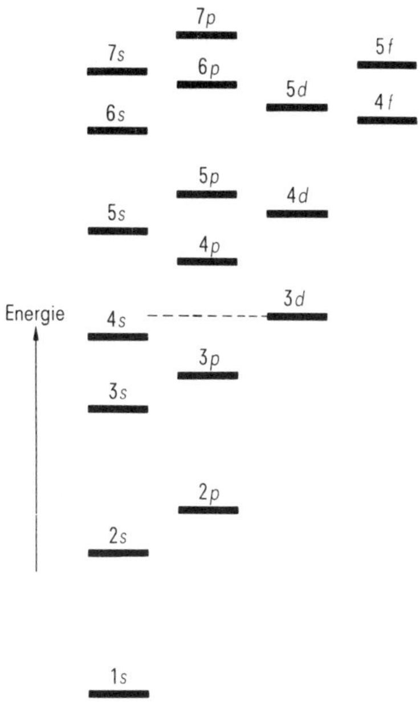

Fig. 4a

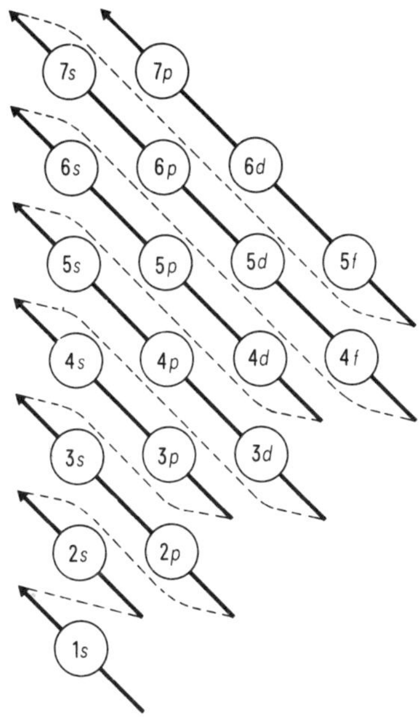

Fig. 4b

tiefer liegt als das $3d$-Niveau. Mit dem in Fig. 4b dargestellten Schema lässt sich diese Reihenfolge jederzeit leicht rekonstruieren. Ausnahme: Die $5d$- und $6d$-Niveaus werden jeweils mit einem Elektron besetzt, bevor das $4f$- bzw. $5f$-Niveau in der üblichen Weise aufgefüllt wird.

Man beachte auch, daß anstelle der Konfiguration

$$d^4 s^2 \quad \text{immer} \quad d^5 s^1$$
$$\text{und} \quad d^9 s^2 \quad \text{immer} \quad d^{10} s^1$$

tritt, da eine halb oder vollständig aufgefüllte d-Schale energetisch besonders günstig ist. Diese Ausnahme betrifft die I. und die VI. Nebengruppe. Beispiele:

$$\text{Cr} \quad \ldots 3\,d^5\ 4\,s^1 \quad \text{und nicht} \quad \ldots 3\,d^4\ 4\,s^2$$
$$\text{Ag} \quad \ldots 4\,d^{10}\ 5\,s^1 \quad \text{und nicht} \quad \ldots 4\,d^9\ 5\,s^2$$

Aus all diesen Betrachtungen läßt sich nun das heute gebräuchliche periodische System leicht ableiten: Bei den Elementen H (1) und He (2) werden die 1*s*-Plätze aufgefüllt. Beim Lithium Li (3) beginnt die Besetzung der *L*-Schale mit zwei 2*s*-Elektronen (bei Li und Be) und sechs 2*p*-Elektronen (B bis Ne). Die *L*-Schale ist beim Ne (10) vollständig besetzt.

Es soll hier noch auf das *Gesetz der größten Multiplizität* (HUNDsche Regel) hingewiesen werden. Es betrifft Niveaus mit mehr als einem Orbital und sagt aus, daß in solchen Fällen jedes Orbital (Kästchen in Fig. 3) zunächst nur einfach besetzt wird. Beim Stickstoff ist z. B. das 2*p*-Niveau halb besetzt, und zwar so, daß jedes 2*p*-Orbital ein Elektron enthält. Dasselbe gilt auch für die Auffüllung der *d*- und *f*-Niveaus.

Im weiteren werden nun zwischen Na (11) und Ar (18) die beiden 3*s*- und die sechs 3*p*-Plätze der *M*-Schale besetzt. Nach Fig. 4a erfolgt nun die Besetzung der 4*s*-Plätze bei K (19) und Ca (20), worauf die zehn 3*d*-Plätze drankommen [Elemente Sc (21) bis Zn (30)]. Hier erst ist die *M*-Schale vollständig besetzt. Anschließend wird bei den Elementen Ga (31) bis Kr (36) das 4*p*-Niveau aufgefüllt.

6. Das periodische System

Das periodische System, das jetzt vorliegt, ist demjenigen von MENDELEJEFF sehr ähnlich, es ist jedoch anders entstanden:

MENDELEJEFF ordnete für sein periodisches System die Elemente nach steigendem Atomgewicht. Das moderne periodische System beruht jedoch auf dem Atombau, die Elemente werden nach der Ordnungszahl (= Protonenzahl = Elektronenzahl) eingereiht.

Obschon auf beiden Wegen praktisch dasselbe herausgekommen ist, mußten am ursprünglichen, auf den Atomgewichten beruhenden System einige Umstellungen vorgenommen werden, nämlich:

Ordnungszahl	18	19	27	28	52	53
Element	Ar	K	Co	Ni	Te	I
Atomgewicht	39,948	39,098	58,93	58,69	127,60	126,90

Der Grund für diese Unregelmäßigkeit liegt darin, daß mit wachsender Ordnungszahl zwar der Protonenzuwachs gleichmäßig ist, nicht aber der Neutronenzuwachs, der auf das Atomgewicht einen ebenso großen Einfluß hat (Näheres siehe Kapitel 7.2).

Diese Umstellungen sind zum Teil schon von MENDELEJEFF vorgenommen worden, da er bei der Aufstellung seines periodischen Systems neben dem Atomgewicht auch die chemische Ähnlichkeit unter den Elementen berücksichtigte. So setzte er wegen der chemischen Verwandtschaft das Element I unter die Elemente F, Cl, Br und das Element Te unter die Elemente O, S, Se, obwohl anhand der Atomgewichte das Umgekehrte herausgekommen wäre.

Nach der chemischen Ähnlichkeit gebildete Gruppen von Elementen gab es schon zur Zeit MENDELEJEFFS. Ihre Namen werden zum Teil heute noch verwendet. Darüber gibt die untenstehende Aufstellung Auskunft. Einen weit besseren Einblick in den Aufbau des periodischen Systems erhält man, wenn man die in diesem Abschnitt gezeigten Erkenntnisse über den Atombau anwendet. Auf diesem Weg läßt sich auch die Ähnlichkeit der in den obenerwähnten Gruppen zusammengefaßten Elemente erklären:

Für jede Gruppe des periodischen Systems ist eine ganz bestimmte Elektronenkonfiguration der äußersten Schale charakteristisch.

Gruppe	Elemente	Gemeinsame Eigenschaften
Alkalimetalle	Li Na K Rb Cs	weiche, unedle Metalle, reagieren heftig mit Wasser unter Bildung von Metallhydroxiden MOH und Wasserstoffgas, typische Flammenfärbungen
Erdalkalimetalle	Be Mg Ca Sr Ba	unedle Metalle, reagieren langsam mit Wasser unter Bildung von $M(OH)_2$, Ca Sr Ba zeigen typische Flammenfärbungen
Erdmetalle	B Al Ga In Ti	unedle Metalle, bilden sehr schwache Säure (Bor) oder $M(OH)_3$ (übrige)
Halogene	F Cl Br I	«Salzbildner», gasförmige oder leicht zu verdampfende Elemente, ätzender bis stechender Geruch, sehr reaktionsfähig, bilden mit allen Metallen Salze
Edelgase	He Ne Ar Kr Xe	waren zur Zeit von MENDELEJEFF noch nicht entdeckt.

So folgen die Alkalimetalle (Li, Na, K, Rb, Cs) immer auf ein Edelgas (He, Ne, Ar, Kr, Xe) und besitzen auf der äußersten Schale ein einzelnes *s*-Elektron, das sehr leicht abgegeben werden kann. Darauf beruht die Reaktionsfähigkeit dieser Elemente und ihr Auftreten als einfach positiv geladene Ionen in allen ihren Verbindungen.

Die Edelgase, die sich durch vollständig aufgefüllte *s*- und *p*-Niveaus auszeichnen (He $1s^2$, Ne ... $2s^2\ 2p^6$, Ar ... $3s^2\ 3p^6$, Kr ... $4s^2\ 4p^6$ usw.), verdanken ihren Namen der lange vorherrschenden Überzeugung, daß diese Elemente keine Verbindungen bilden. In den letzten Jahren sind nun aber Edelgasverbindungen, vor allem solche zwischen den schwereren Edelgasen und Sauerstoff oder Fluor, beschrieben worden. Diese Erkenntnis ändert jedoch nichts daran, daß die s^2p^6-Konfiguration energetisch besonders günstig ist (vgl. dazu auch S. 31).

Die hier nur angedeuteten Fragen der Verbindungsbildung werden im Abschnitt über die chemische Bindung genauer besprochen.

Im Periodischen System wird zwischen Haupt- und Nebengruppen unterschieden. In die Hauptgruppen gehören alle Elemente, die nur ganz leere und ganz gefüllte *d*- und *f*-Niveaus aufweisen. Die Elemente der beiden ersten Hauptgruppen werden als *s*-Elemente bezeichnet, da ihre Elektronenkonfiguration ... ns^1 (Alkalimetalle, z. B. Na: $1s^2\ 2s^2\ 2p^6\ \mathbf{3s^1}$) beziehungsweise ... ns^2 (Erdalkalimetalle, z. B. Mg: $1s^2\ 2s^2\ 2p^6\ \mathbf{3s^2}$) ist. Die Elemente der übrigen Hauptgruppen werden als *p*-Elemente zusammengefaßt, ihre Elektronenkonfiguration liegt zwischen ... $ns^2\ np^1$ (Borgruppe) und ... $ns^2\ np^6$ (Edelgase)[1]. Alle *d*- und *f*-Elemente sind in den Nebengruppen zu finden. Bei den *d*-Elementen gibt es drei Serien zu je zehn Elementen:

Sc (21) bis Zn (30)	1. Serie, Auffüllung der zehn 3*d*-Plätze,
Y (39) bis Cd (48)	2. Serie, Auffüllung der zehn 4*d*-Plätze,
La (57) und Hf (72) – Hg (80)	3. Serie, Auffüllung der zehn 5*d*-Plätze.

Bei diesen *d*-Elementen handelt es sich durchwegs um Metalle. Auf der äußersten Schale sitzen immer zwei *s*-Elektronen, während die neu eintretenden Elektronen auf das *d*-Niveau einer tieferliegenden Schale eintreten. So hat das Mangan Mn (25) die Elektronenkonfiguration $1s^2\ 2s^2\ 2p^6\ 3s^2\ 3p^6\ \mathbf{3d^5\ 4s^2}$, für Eisen Fe (26) mit einem Elektron mehr lautet sie $1s^2\ 2s^2\ 2p^6\ 3s^2\ 3p^6\ \mathbf{3d^6\ 4s^2}$.

An *f*-Elementen sind vor allem die Lanthaniden (nach dem Element Lanthan) zu nennen. Diese 14 Elemente (entsprechend vierzehn 4*f*-Elektronen) sind zwischen dem La (57) und dem Hf (72) eingeschoben. Sie sind untereinander noch ähnlicher als die Elemente einer *d*-Serie, da ihre Elektronenfigurationen sich nur auf der *N*-Schale ($n = 4$), wo die 4*f*-Elektronen

[1] n = Hauptquantenzahl der äußersten, unvollständig besetzten Schale.

eingeführt werden, unterscheiden, während die Besetzung der weiter außen liegenden *O*- und *P*-Schale bei allen 14 Elementen gleich ist (wie später gezeigt wird, hängt das chemische Verhalten eines Elements hauptsächlich von der Elektronenanordnung auf der äußersten Schale ab).

Eine zweite Serie von *f*-Elementen, die Actiniden (nach dem Element Actinium, ^{90}Th bis ^{103}Lr), ist durch die künstliche Erzeugung der Transurane ^{93}Np bis ^{103}Lr vervollständigt worden. Für das 1969 erstmals beschriebene Kurchatovium ^{104}Ku[2] ist die Elektronenkonfiguration noch unsicher. Es wird erwartet, daß dieses Element in seinen Eigenschaften dem Hafnium gleicht.

Durch die Erforschung des Atombaus ist es also möglich geworden, das früher nach empirischen Gesichtspunkten aufgestellte periodische System der Elemente wirklich zu verstehen. Die dabei gewonnenen Erkenntnisse über die Elektronenkonfiguration werden aber auch bei der Untersuchung des chemischen Verhaltens der Elemente von großer Bedeutung sein, insbesondere auf dem Gebiet der Verbindungsbildung. Mit diesen Problemen wird sich der Abschnitt über die chemische Bindung eingehend befassen.

7. Atombau und chemische Eigenschaften

7.1 *Der Atomkern*

Bei einem Rückblick auf die vorangehenden Kapitel fällt auf, daß der Atomkern fast nie erwähnt wird. Diese lückenhafte Behandlung des Atomkerns in der Chemie hat verschiedene Gründe:

Im Vergleich zur Elektronenhülle hat der Kern einen geringen Einfluß auf die Eigenschaften eines Elements. Deshalb wurde bei der Erforschung des Atombaus dem Kern zunächst nur wenig Beachtung geschenkt, so daß noch heute über die Struktur des Atomkerns manche Unklarheit besteht. Außerdem gehören die auf diesem Gebiet zu lösenden Probleme in das Arbeitsfeld der Physiker.

Der Kern enthält die Protonen und die Neutronen, die Schale die Elektronen. Die nachstehende Tabelle gibt die wichtigsten Daten dieser Elementarteilchen wieder:

[2] Der Name für dieses Element ist noch nicht offiziell anerkannt.

Elementarteilchen	Masse	Ladung
Proton	$1{,}6726 \cdot 10^{-27}$ kg	$+ 1{,}602 \cdot 10^{-19}$ C[1]
Neutron	$1{,}6749 \cdot 10^{-27}$ kg	neutral
Elektron	$9{,}1096 \cdot 10^{-31}$ kg	$- 1{,}602 \cdot 10^{-19}$ C

Die Zahl der Protonen im Kern (= Ordnungszahl) bestimmt die Art des Atoms. So ist ein Atom mit 11 Protonen immer ein Natriumatom, ein solches mit 79 Protonen immer ein Goldatom.

Die Summe der Protonen- und Neutronenzahl ergibt die *Massenzahl* des Atoms. Dabei handelt es sich um eine ganze Zahl, die mit dem Atomgewicht nicht ganz übereinstimmt. Der Grund für diese zahlenmäßige Differenz zwischen Massenzahl und Atomgewicht eines Elements liegt im Vorhandensein von Isotopen (vgl. nächsten Abschnitt). Die sehr leichten Elektronen tragen zur Masse des Atoms praktisch nichts bei, diese wird fast ganz durch den Kern bestimmt.

7.2 *Isotope*

Wenn DALTONS Atomhypothese sich auch im großen ganzen als richtig erwiesen hat, so ist in einem Punkt doch eine wichtige Abweichung zu bemerken. DALTON behauptete, daß alle Atome eines Elements unter sich genau gleich seien. Das ist jedoch nicht immer der Fall.

Wohl besitzen z. B. alle Chloratome (Ordnungszahl 17) 17 Protonen und 17 Elektronen, die Neutronenzahl und damit die Massenzahl kann jedoch von Atom zu Atom verschieden sein. So gibt es Chloratome mit 18 Neutronen (Massenzahl 17 + 18 = 35) und solche mit 20 Neutronen (Massenzahl 17 + 20 = 37).

Atome eines Elements, die sich nur in der Neutronenzahl unterscheiden, werden als *Isotope* bezeichnet. Die verschiedenen Isotope eines Elements unterscheiden sich in den physikalischen Eigenschaften und, wenn auch nur im Fall der Wasserstoff-Isotope messbar, in der Reaktionsgeschwindigkeit voneinander, nicht aber im qualitativen chemischen Verhalten.

Das Vorhandensein von Isotopen ist neben andern Faktoren dafür verantwortlich, daß die Atomgewichte oft ganz beträchtlich von ganzen Zahlen

[1] $1{,}602 \cdot 10^{-19}$ C (Coulomb) = eine elektrische Elementarladung.

abweichen. Aus der Tatsache, daß Chlorgas beliebiger Herkunft im Durchschnitt immer 75,4% Chloratome von der Massenzahl 35 und 24,6% Chloratome von der Massenzahl 37 enthält, folgt für das Atomgewicht von Chlor ein Wert von 35,453. Nach der Definition der Atomgewichte heißt das, daß ein Chloratom im Durchschnitt 35,453 mal schwerer ist als $^1/_{12}$ $^{12}_{6}C$-Kohlenstoffatom.

Für die Zahl der pro Element in der Natur vorkommenden Isotope wurde bis jetzt keine Gesetzmäßigkeit nachgewiesen. Immerhin kann gesagt werden, daß Elemente mit gerader Ordnungszahl mehr Isotope aufweisen also solche mit ungerader Ordnungszahl. Zudem wächst die Isotopenzahl je Element ganz allgemein etwas mit steigender Ordnungszahl.

Die folgende Tabelle zeigt zur Illustration die natürlichen Isotope der Elemente der 3. Periode:

Element	Protonen-zahl = Ordnungszahl	Neutronen-zahl	Massen-zahl	Vor-kommen %	Atom-gewicht
Na	11	12	23	100	22,9898
Mg	12	12	24	78,6	
		13	25	10,1	24,305
		14	26	11,3	
Al	13	14	27	100	26,9815
Si	14	14	28	92,3	
		15	29	4,7	28,086
		16	30	3,0	
P	15	16	31	100	30,9738
S	16	16	32	95,1	
		17	33	0,7	32,06
		18	34	4,2	
		20	36	0,02	
Cl	17	18	35	75,4	35,453
		20	37	24,6	
Ar	18	18	36	0,3	
		20	38	0,06	39,948
		22	40	99,6	

In Formeln werden Isotope so charakterisiert, daß vor dem Atomsymbol oben die Massenzahl, unten die Ordnungszahl steht. Die beiden Chlorisotope werden so als $^{35}_{17}Cl$ und $^{37}_{17}Cl$ wiedergegeben.

In den letzten Jahren ist es nun möglich geworden, viele weitere Isotope künstlich herzustellen, indem man Atome mit Neutronen beschoß. Ist die Geschwindigkeit der verwendeten Neutronen gering, so werden sie von den vorliegenden Atomkernen absorbiert (zu schnelle Neutronen verursachen Kernzertrümmerung!). Bei dieser Operation entsteht eine neue Atomsorte; da sie sich von der ursprünglichen nur durch die Neutronenzahl unterscheidet, handelt es sich dabei um Isotope.

Viele Isotope, vor allem künstliche, sind radioaktiv, sie sind unbeständig und gehen durch Abgabe bestimmter Strahlungen in stabile Atome über. Die Radioaktivität von Isotopen kann im Symbol durch einen Stern angedeutet werden, z. B. $^{14}_{6}C^{*}$, $^{40}_{19}K^{*}$.

Isotope, namentlich radioaktive, spielen in Biologie, Medizin und Technik eine große Rolle. Ein Beispiel: Durch Einführen von radioaktiven $^{14}_{6}C^{*}$-Atomen in organische Substanzen kann man deren Weg und Verhalten im Stoffwechsel eines Organismus verfolgen (vgl. Kapitel 41.2).

7.3 *Kern- und schalenbedingte Eigenschaften*

Wie das Vorangehende zeigt, bestimmt der Kern nur die Art und die Masse eines Atoms. Verantwortlich für das chemische Verhalten ist die Elektronenhülle. Für sehr viele chemische Eigenschaften ist sogar nur die Art der Besetzung der äußersten, nicht vollständig aufgefüllten Schalen von Bedeutung.

Die chemische Bindung

8. Einführung

Es ist auffallend, daß die meisten Elemente in der Natur nur in Form von Verbindungen vorkommen. So treten die meisten Metalle als Oxide, Sulfide, Silikate u. a. auf und auch die in der Atmosphäre vorhandenen Elemente Sauerstoff und Stickstoff liegen in der Form von O_2- bzw. N_2-Molekülen vor. Demgegenüber kommen die Edelgase atomar vor und haben nur eine sehr geringe Neigung zur Bildung von Verbindungen (vgl. S. 26).

Der Grund für diese Erscheinungen liegt in der Elektronenkonfiguration. Bei den Edelgasen sind die *s*- und *p*-Niveaus der äußersten Schale vollständig besetzt (Konfiguration s^2p^6, vgl. Fig. 3). Bei allen anderen Elementen weisen die Atome Elektronenschalen auf, die nur teilweise aufgefüllt sind. Diese Elektronenanordnungen sind alle mehr oder weniger instabil, die Atome haben daher das Bestreben, eine günstigere Elektronenkonfiguration zu erreichen.

Eine dieser günstigen Elektronenanordnungen ist die Edelgaskonfiguration s^2p^6. Das Bestreben vieler Atome, diese s^2p^6-Konfiguration (8 Elektronen auf der äußersten Schale) zu erreichen, wird oft als *Oktettprinzip* bezeichnet. Im folgenden sollen hauptsächlich Verbindungen behandelt werden, die dem Oktettprinzip folgen.

Die Bildung von chemischen Verbindungen, der Zusammentritt von zwei oder mehreren Atomen zu einem Molekül, wird immer so vollzogen, daß dabei alle Verbindungspartner eine günstige Elektronenkonfiguration (z. B. eine Edelgaskonfiguration) erreichen können. Dafür gibt es zwei Wege: Entweder findet ein Elektronenübergang von einem Verbindungspartner zum andern statt, oder die beiden an der Bindung beteiligten Atome bilden gemeinsame Elektronenpaare. Diese zwei Möglichkeiten führen zu den beiden Bindungstypen *Ionenbindung* und *Elektronenpaarbindung,* die in den folgenden Kapiteln ausführlich besprochen werden sollen.

Die Bedeutung des Oktettprinzips in der anorganischen Chemie darf insofern nicht überschätzt werden, als es nur für die erste Periode verbindlich ist. Für die übrigen Elemente stehen außer dem Oktett noch andere günstige Elektronenkonfigurationen zur Verfügung. Eine solche ist die 18er-Konfiguration, die oft von *d*- und *f*-Elementen bevorzugt wird. Aus der

Elektronenkonfiguration von Zink (vgl. Fig. 3) ist ersichtlich, daß nach Abgabe der beiden 4*s*-Elektronen eine Konfiguration, $3s^2$, $3p^6$, $3d^{10}$ zurückbleibt, die stabil ist und auf der äußersten, in diesem Falle dritten Schale 18 Elektronen (= maximale Besetzungszahl der dritten Schale) aufweist.

9. Größen zur Charakterisierung der chemischen Bindung

9.1 *Atom- und Ionenradien*

Unter Ionen versteht man Atome oder Atomgruppen, welche nach Abgabe oder Aufnahme von Elektronen elektrisch geladen sind (vgl. Kapitel 9.2). Angaben über den Radius von Atomen und Ionen werden sich im folgenden oft als nützlich erweisen. Für die hier gezeigten Überlegungen dürfen diese Teilchen als Kugeln betrachtet werden. Die Radien liegen alle in der Größenordnung von 0,1 bis 2,5 Å (1 Å = 10^{-8} cm).

Innerhalb einer Gruppe des periodischen Systems nimmt sowohl der Atom- als auch der Ionenradius von oben nach unten zu. Als Beispiel seien die Radien der Alkalimetallatome und diejenigen der einfach positiv geladenen Alkalimetallionen erwähnt:

Li 1,23 Å	Na 1,57 Å	K 2,03 Å	Rb 2,16 Å	Cs 2,35 Å
Li^+ 0,75 Å	Na^+ 0,98 Å	K^+ 1,33 Å	Rb^+ 1,49 Å	Cs^+ 1,65 Å

Der Grund für diese Zunahme liegt im Zuwachs an Elektronenschalen. Während beim Lithium nur die *K*- und die *L*-Schale Elektronen enthalten, kommen bis zum Caesium sukzessive noch weitere vier Elektronenschalen (*M*- bis *P*-Schale) hinzu. Da jede Schale einen größeren Abstand vom Kern hat als die vorangehende (vgl. Fig. 1), wird die Zunahme der Atom- und Ionenradien in der Gruppe offensichtlich.
Die Abgabe von Elektronen (Übergang zu positiv geladenen Ionen) führt stets zu einer Radiusverkleinerung, die Aufnahme von Elektronen (Übergang zu negativ geladenen Ionen) stets zu einer Radiusvergrößerung:

$$\text{I}^-\text{-Ion} \xleftarrow[\text{Elektrons}]{\text{Aufnahme eines}} \text{I-Atom} \xrightarrow[\text{Elektrons}]{\text{Abgabe eines}} \text{I}^+\text{-Ion}$$

2,19 Å   1,36 Å   0,58 Å[1]

[1] Freie I^+-Ionen existieren nicht. Der hier angegebene Zahlenwert wurde aus der Bindungslänge in IF berechnet.

9.2 *Die Ionisierungsarbeit*

Durch Energiezufuhr können einzelne Elektronen eines Atoms in höhere Schalen gehoben werden (vgl. Fig. 1, Pfeil *a*). Erreicht diese Energie einen gewissen Wert, so wird dabei das Elektron so weit vom Kern entfernt, daß es selbständig wird und nicht mehr zum Atom gehört.

Nun besitzt das Atom ein Elektron (eine negative Ladung) weniger als vorher. Da bei diesem Vorgang die Zahl der Protonen und damit die Zahl der positiven Ladungen gleichgeblieben ist, diejenige der negativen Ladungen jedoch um 1 abgenommen hat, trägt das Atom nun eine positive Ladung. Ein elektrisch geladenes Atom wird immer als *Ion* bezeichnet.

Natriumatome besitzen auf der äußersten Schale ein Elektron (Konfiguration $1s^2\ 2s^2\ 2p^6\ \mathbf{3s^1}$). Durch Energiezufuhr kann dieses eine Elektron vom Atom losgelöst werden:

Na·	+	Energie	⟶	Na^+	+	⊖
Na-Atom				Na^+-Ion einfach positiv geladen		1 Elektron

Die Energiemenge, die für diesen Vorgang benötigt wird, hat die Bezeichnung *Ionisierungsarbeit* oder Ionisierungsenergie erhalten.

Bei Atomen mit mehreren Elektronen auf der äußersten Schale können mehrfach positiv geladene Ionen entstehen: Aluminium mit der Konfiguration $1s^2\ 2s^2\ 2p^6\ \mathbf{3s^2}\ \mathbf{3p^1}$ besitzt auf der äußersten Schale drei Elektronen:

Al⁝	+	Energie	⟶	Al^{+++}	+	3 ⊖
Al-Atom				Al^{3+}-Ion dreifach positiv geladen		3 Elektronen

Sobald auf diese Weise durch Elektronenabgabe die Elektronenzahl des im periodischen System vorangehenden Edelgases erreicht ist, liegt ein stabiles Ion mit einer Edelgasschale vor.

Das Na^+- und das Al^{3+}-Ion besitzen je noch zehn Elektronen, also genau gleich viele wie das Edelgas Neon. Von diesem unterscheiden sie sich jedoch durch den schwereren Kern und die elektrische Ladung.

Element	Konfiguration	Ionisierung zu	Ionisierungsarbeit in kJ/Mol[1]	(kcal/Mol)	Ionisierungsarbeit für die Ablösung eines weiteren Elektrons kJ/Mol	(kcal/Mol)
Na	$3s^1$	Na^+	494	(118)	4538	(1084)
Mg	$3s^2$	Mg^{2+}	2181	(521)	7870	(1880)
Al	$3s^2\ 3p^1$	Al^{3+}	5140	(1228)	11595	(2770)
K	$4s^1$	K^+	419	(100)		
Rb	$5s^1$	Rb^+	402	(96)		
Cs	$6s^1$	Cs^+	377	(90)		
Cl	$3s^2\ 3p^5$	Cl^+	1264	(302)		

[1] Definition der Einheit Mol vgl. Kapitel 11.2; 1 kcal = 4,186 kJ

Um von diesen Ionen mit Edelgasschale ein weiteres Elektron abzulösen, müßte eine vollständig aufgefüllte Schale angegriffen werden. Das erfordert jedoch außerordentlich hohe Energiemengen, so daß ein Na^{2+}- oder ein Al^{4+}-Ion nie gebildet werden. Diese Tatsache ist auch aus der hintersten Kolonne der obigen Tabelle ersichtlich.

Ein Vergleich der Ionisierungsarbeit von Na, K, Rb und Cs zeigt, daß die Ionisierungsarbeit in den Gruppen des periodischen Systems von oben nach unten abnimmt. Zwar nimmt die positive Kernladung, der das einzelne Elektron auf der äußersten Schale gegenübersteht vom Na bis zum Cs stark zu, die dazwischen liegenden, vollbesetzten Elektronenschalen wirken jedoch abschirmend, so daß die auf das äußerste, einzelne Elektron einwirkende *Rumpfladung* (= Kernladung minus Ladung aller Elektronen, die sich auf den inneren, vollständig besetzten Schalen befinden) bei allen vier Elementen gleich groß ist. Da aber vom Na bis zum Cs der Abstand des Elektrons von dieser Rumpfladung zunimmt, wird es beim Cs am wenigsten stark angezogen und kann daher am leichtesten entfernt werden.

Das letzte Beispiel in der obigen Tabelle zeigt, daß auch Atome mit fast vollständig aufgefüllter Elektronenschale in positiv geladene Ionen übergeführt werden können. Die zugehörigen Ionisierungsarbeiten liegen allerdings ziemlich hoch.

9.3 *Die Elektronenaffinität*

Die Elektronenaffinität charakterisiert den entgegengesetzten Ionisierungsvorgang, die Bildung von negativ geladenen Ionen durch Elektronenaufnahme. Sie gibt die Energiemenge an, die bei der Aufnahme eines Elektrons durch das Atom frei wird.

Das Chloratom besitzt auf der äußersten Schale 7 Elektronen (Konfiguration $3s^2\ 3p^5$). Durch Aufnahme eines Elektrons geht das Chloratom unter Energieabgabe in ein einfach negativ geladenes Chloridion über, das wie das Edelgas Argon 18 Elektronen aufweist:

$$:\ddot{\underset{\cdot\cdot}{Cl}}\cdot \quad + \quad \ominus \quad \longrightarrow \quad :\ddot{\underset{\cdot\cdot}{Cl}}:^{-} \quad + \quad \text{Energie}$$

Bei der hier verwendeten Schreibweise (Elektronenformeln) werden immer nur diejenigen Elektronen angegeben, die sich auf der äußersten Schale befinden. Durch Verwendung von Punkten, Kreisen, Kreuzchen u. ä. können die zu verschiedenen Atomen gehörigen Elektronen unterschieden werden.

Einige Zahlenbeispiele zur Elektronenaffinität:

$$\begin{array}{lllll} F & + \ominus & \longrightarrow & F^- & + 412\ \text{kJ/Mol}\ (98{,}5\ \text{kcal/Mol}) \\ Cl & + \ominus & \longrightarrow & Cl^- & + 387\ \text{kJ/Mol}\ (92{,}5\ \text{kcal/Mol}) \\ Br & + \ominus & \longrightarrow & Br^- & + 365\ \text{kJ/Mol}\ (87{,}1\ \text{kcal/Mol}) \\ I & + \ominus & \longrightarrow & I^- & + 332\ \text{kJ/Mol}\ (79{,}2\ \text{kcal/Mol}) \end{array}$$

Müssen bis zur Erreichung der Edelgaskonfiguration mehrere Elektronen aufgenommen werden, wie etwa beim Sauerstoff:

$$:\ddot{\underset{\cdot\cdot}{O}} \quad + \quad 2\ominus \quad \longrightarrow \quad :\ddot{\underset{\cdot\cdot}{O}}:^{--}$$

O-Atom 2 Elektronen O^{2-}-Ion

so wird, im Gegensatz zu den oben gezeigten Beispielen, Energie verbraucht. Begründung: Das zweite Elektron muß entgegen der elektrischen Abstoßung in ein bereits negativ geladenes Ion eingebaut werden. Das erfordert eine Energiemenge, die viel größer ist als diejenige, die bei der Aufnahme des ersten Elektrons frei wird. Deshalb sind für die Überführung von O in O^{2-} 703 kJ/Mol (168 kcal/Mol) erforderlich.

9.4 *Elektronegativität*

Weiteren Aufschluß über das Verhalten der Elemente in Verbindungen erhält man aus der von PAULING aufgestellten Elektronegativitätstabelle (Fig. 5). Die *Elektronegativität* wurde ursprünglich definiert als ein Maß für das Bestreben eines bestimmten Elements A, die Elektronen einer Elektronenpaarbindung (vgl. Kapitel 11) in einer Verbindung mit einem anderen Element B an sich zu ziehen. Diese Betrachtungen und Berechnungen gelten eigentlich nur für zweiatomige Moleküle A–B. Allgemein kann man aber die in Fig. 5 wiedergegebenen Zahlenwerte auch als Maß für den Elektronenhunger (das Bestreben der Atome, Elektronen aufzunehmen) auffassen und zur Beurteilung des Verhaltens von Elementen bei der Bildung beliebiger Verbindungen verwenden.

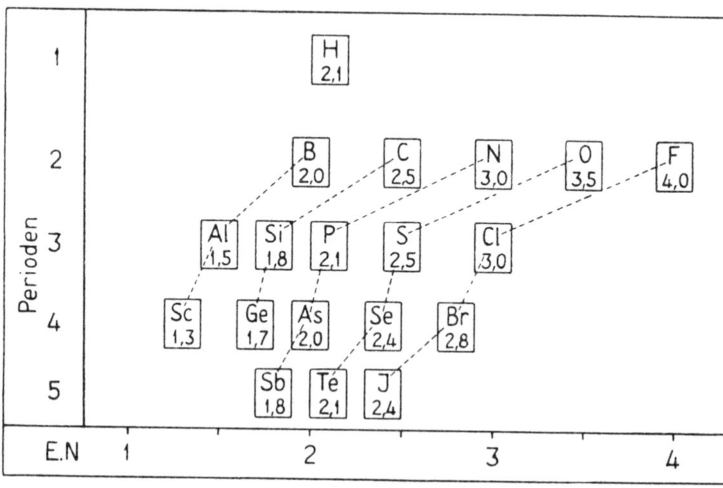

Fig. 5

Alle Elemente links vom Wasserstoff (vgl. Fig. 5) neigen zur Elektronenabgabe, diejenigen rechts vom Wasserstoff zur Elektronenaufnahme. Links stehen dabei die Metalle, die auf der äußersten Schale nur wenige Elektronen aufweisen und deshalb die Edelgaskonfiguration am einfachsten durch Elektronenabgabe erreichen können. Den rechts vom Wasserstoff stehenden Nichtmetallen fehlen bis zur nächsten Edelgaskonfiguration nur wenige Elektronen, so daß das Oktett hier am einfachsten durch Elektronenaufnahme erreicht wird. Diese Elemente zeigen daher alle das Bestreben, Elektronen aufzunehmen. Am stärksten ist diese Tendenz beim Fluor (höchster Wert der Elektronegativität).

Die Elektronegativitätstabelle (Fig. 5) ermöglicht auch eine grobe Unterscheidung zwischen Metallen, Halbmetallen und Nichtmetallen:

Ist der Wert der Elektronegativität

kleiner als 1,7, so handelt es sich um Metalle; die Elektronenabgabe wird bevorzugt;

1,7 bis 2,1, so handelt es sich um Halbmetalle; einzelne davon haben als Halbleiter in der modernen Elektronik eine grosse Bedeutung erlangt;

größer als 2,1, so handelt es sich um Nichtmetalle; die Elektronenaufnahme wird bevorzugt.

Die Zahlenwerte, welche der Fig. 5 entnommen werden können, fand PAULING auf Grund sehr komplizierter physikalisch-chemischer Berechnungen. MULLIKEN hingegen entdeckte, daß man mit der Näherungsformel $\frac{I+E}{130}$ Zahlen erhält, die sehr gut mit den PAULING-Werten übereinstimmen (I = Ionisierungsarbeit, E = Elektronenaffinität in kcal/Mol).

Beispiel: Fluor, $I = 402$ kcal, $E = 98{,}5$ kcal, daraus folgt für die Elektronegativität von Fluor $\frac{402+98{,}5}{130} = \frac{500{,}5}{130} = 3{,}85$ (nach PAULING: 4,0).

Die vielen Aussagen, die anhand von Fig. 5 noch gemacht werden können, werden sich in den folgenden Kapiteln ergeben.

10. Die Ionenbindung

10.1 *Bildung von Ionenbindungen*

Wenn zwei Atome miteinander eine Ionenbindung bilden, so findet immer ein Elektronenübergang zwischen den Verbindungspartnern statt, und zwar so, daß beide an der Bindung beteiligten Atome eine günstige Elektronenkonfiguration (z. B. eine Edelgaskonfiguration) erreichen können. Da bei dieser Verbindungsbildung der eine Partner Elektronen an den andern abgibt, entstehen Ionen (daher der Name Ionenbindung!).

Das Natriumatom hat ein Elektron mehr als das Neon. Dieses sitzt allein auf der 3*s*-Schale und kann leicht abgegeben werden (geringe Ionisierungsarbeit und geringe Elektronegativität). Dem Chloratom andererseits fehlt bis zur Erreichung der Argon-Konfiguration nur ein Elektron; dieses Atom hat ein großes Bestreben, Elektronen aufzunehmen (hohe Elektronenaffinität, hohe Elektronegativität). Durch den Übergang eines Elektrons vom Natrium zum Chlor können beide Atome zu der angestrebten Edelgaskonfiguration gelangen. Dabei entstehen Ionen[1]:

Bei Atomen, die auf der äußersten Schale mehrere Elektronen besitzen, können auch mehrere abgegeben werden. Die äußerste Schale des Calciumatoms enthält zwei Elektronen. Bis das Ca-Atom für sich die Argonkonfiguration erreicht hat, kann es also zwei Chloratomen zur Edelgaskonfiguration verhelfen:

$$Ca + 2\,Cl \longrightarrow Ca^{2+} + 2\,Cl^-$$

In dieser Verbindung $CaCl_2$ ist das Calcium als doppelt positiv geladenes Ion enthalten. Gleichzeitig sind zwei einfach negativ geladene Chloridionen entstanden. Damit weisen nun alle beteiligten Partikel die stabile Elektronenkonfiguration des Argons auf.

Die nun vorliegenden Ionen bilden ein Ionengitter (vgl. Kapitel 10.2), wobei Energie frei wird. Je größer dieser Energiegewinn ist, desto stabiler ist das entstandene Gitter und desto leichter läuft die betreffende Reaktion ab.

10.2 *Ionengitter*

Bei dem beschriebenen Elektronenübergang sind zwei elektrisch geladene Teilchen, z. B. ein positiv geladenes Natriumion und ein negativ geladenes Chloridion, entstanden. Diese entgegengesetzt geladenen Ionen ziehen sich nach dem Gesetz von COULOMB mit einer Kraft K

$$K = k \cdot \frac{Q_1 \cdot Q_2}{r^2}$$

[1] Es ist wesentlich, den Modellcharakter von graphischen Darstellungen hervorzuheben, wie sie in diesem Buch und ganz allgemein in der Chemie verwendet werden, um Zustände (z. B. Atom- und Molekülorbitale) oder Vorgänge (z. B. Reaktionen) darzustellen. So sind z. B. Elektronen natürlich nicht voneinander unterscheidbar; wenn hier verschiedene Signaturen verwendet werden, so dient das einzig der Veranschaulichung des Elektronenübergangs vom Natrium zum Chlor.

gegenseitig an (Q_1, Q_2 = Ladungen der Verbindungspartner, r = Abstand der Atomkerne der Verbindungspartner = Summe der Ionenradien, k = Proportionalitätsfaktor).

Aus dieser Gleichung kann entnommen werden, daß der Zusammenhalt einer Ionenbindung um so stärker ist, je höher die Ladungen und je kleiner die Radien der beteiligten Ionen sind.

Die Kräfte, welche die entgegengesetzt geladenen Ionen zusammenhalten und durch das Gesetz von COULOMB bestimmt sind, sind elektrische Feldkräfte. Diese haben die Eigenschaft, daß sie nach allen Richtungen des Raumes gleichmäßig wirken und daß sie nicht abgesättigt werden können. Deshalb ist die Ladung eines Na^+-Ions nach Anziehung eines Cl^--Ions nicht neutralisiert. Das Na^+-Ion kann noch weitere Chloridionen anziehen, und zwar so viele, wie um das Natriumatom herum Platz finden. Im Fall des Kochsalzes NaCl sind es sechs. Dasselbe gilt jedoch auch von den Chloridionen aus gesehen: Jedes Cl^--Ion kann sechs Na^+-Ionen anziehen.

Auf diese Weise entsteht ein räumliches Gebilde aus Na^+- und Cl^--Ionen, das sich nach allen Richtungen beliebig weit ausdehnen kann und worin jedes Na^+-Ion von 6 Cl^--Ionen und jedes Cl^--Ion von 6 Na^+-Ionen umgeben ist (Fig. 6). Eine solche Anordnung von Ionen wird als *Ionengitter* bezeichnet. Die chemische Formel NaCl bedeutet hier nur, daß im Gitter Na^+- und Cl^--Ionen im Verhältnis 1 : 1 vorkommen. Ein NaCl-«Molekül» gibt es dagegen nicht, da man nicht sagen kann, welches Na^+-Ion im Gitter zu welchem Cl^--Ion gehört. Die Bildung eines Ionengitters aus zunächst isolierten Ionen ist immer mit einem Energiegewinn verbunden (Erklärung vgl. Kapitel 16.1).

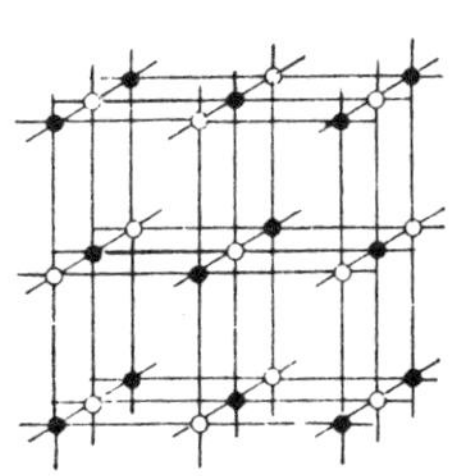

Fig. 6 ● Na^+-Ion ○ Cl^--Ion

Ein Ionengitter wird durch die *Koordinationszahl* (abgekürzt KZ) charakterisiert. Diese gibt an, wie viele Ionen der einen Sorte sich in nächster und gleicher Entfernung von einem bestimmten Ion der anderen Sorte befinden. Für das in Fig. 6 dargestellte Kochsalzgitter ist die Koordinationszahl 6. Dazu ist noch zu sagen, daß die Raumfüllung im Gitter viel besser ist, als es die Figur zeigt; die kugelförmigen Ionen berühren sich gegenseitig. Die hier gewählte Darstellung erlaubt jedoch eine viel bessere Übersicht über den Gitteraufbau.

Der Bautyp eines Gitters wird durch die KZ bestimmt. Die KZ selbst ist abhängig vom Verhältnis der Ionenradien der am Gitter beteiligten Ionen: Um ein gegebenes Ion haben mehr kleinere Ionen einer andern Sorte Platz als gleich große oder sogar größere. Die nachfolgende Liste zeigt die einfachsten Gittertypen:

Beispiel	KZ	Gittertyp
CsI	8	*Kubisch raumzentriert:* Jedes Ion sitzt im Zentrum eines Würfels, dessen 8 Ecken von 8 Ionen der andern Sorte gebildet werden.
NaCl	6	*Oktaedrisch:* Jedes Ion sitzt im Zentrum eines Oktaeders, dessen 6 Ecken von 6 Ionen der andern Sorte gebildet werden (vgl. Fig. 6). Dabei bilden die beiden Ionensorten einzeln je ein flächenzentriertes kubisches Gitter.
ZnS	4	*Tetraedrisch:* Jedes Ion sitzt im Zentrum eines Tetraeders, dessen 4 Ecken von 4 Ionen der andern Sorte gebildet werden.

10.3 *Die Wertigkeit*

Die Wertigkeit eines Elements in einer Verbindung gibt an, wie viele Elektronen die Atome des betreffenden Elements bei der Verbindungsbildung aufgenommen bzw. abgegeben haben. In der Verbindung $BaCl_2$ ist also das Barium +2-wertig (Ba^{2+}), das Chlor −1-wertig (2 Cl^-).

Wie hier muß für jede aus Ionen aufgebaute Verbindung die Summe der positiven Ladungen in der Formeleinheit gleich der Summe der negativen Ladungen sein. Dieses *Elektroneutralität* genannte Prinzip erlaubt es auch, herauszufinden, daß z. B. die Eisenionen in FeF_3 +3-wertig sind, wenn man weiß, daß das Fluor in Verbindungen immer als −1-wertiges Ion auftritt. Für die Elemente der Hauptgruppen des periodischen Systems ist die Wertigkeit der positiv geladenen Ionen in den meisten Fällen mit der Gruppennummer und der Anzahl der Elektronen auf der äußersten Schale identisch.

Negativ geladene Ionen werden praktisch nur von den Elementen der V. bis VII. Hauptgruppe gebildet. Ihre häufigste Wertigkeit ist gleich der Gruppennummer minus 8, also gleich der Zahl der Elektronen, die bis zur vollen Besetzung der äußersten Schale des betreffenden Atoms noch fehlen. Beispiel: Sauerstoff, Gruppennummer VI, Wertigkeit der negativ geladenen Ionen: $6 - 8 = -2$.

10.4 *Bedingungen für die Bildung einer Ionenbindung*

Alle in diesem Kapitel als Beispiele erwähnten Ionenverbindungen enthalten nebeneinander Metall- und Nichtmetallionen. Das ist kein Zufall, sondern eine wichtige Bedingung für das Zustandekommen einer Ionenbindung:

Damit sich eine Ionenbindung bilden kann, muß der eine Partner zur Elektronenabgabe neigen (Metalle, z. B. Natrium), der andere muß die Tendenz haben, diese freigewordenen Elektronen aufzunehmen (Nichtmetalle, z. B. Chlor).

Man kann diese Bedingung auch anders formulieren: Geeignete Partner für eine Ionenbindung weisen eine möglichst große Elektronegativitätsdifferenz auf, sie haben in Fig. 5 einen möglichst großen Abstand.

11. Die Elektronenpaarbindung

11.1 *Bildung von Elektronenpaarbindungen*

Dieser zweite Bindungstyp wird bei Verbindungen zwischen Nichtmetallen verwirklicht. Anstelle eines Elektronenübergangs tritt hier die Bildung von gemeinsamen Elektronenpaaren. Chloratome besitzen auf der äußersten Schale sieben Elektronen:

zwei Chloratome ein Chlormolekül Cl_2

Aus den beiden unpaarigen Elektronen der zwei Chloratome wird ein Elektronenpaar gebildet, das beiden Atomen gleichzeitig angehört. So ist nun im Chlormolekül Cl_2 jedes Chloratom von einer vollständigen Achterschale umgeben.

Eine Bindung, die durch die Bildung von gemeinsamen Elektronenpaaren entstanden ist, wird als *Elektronenpaarbindung,* oft auch als kovalente Bindung oder Atombindung bezeichnet. Im Gegensatz zur Ionenbindung entstehen hier keine Ionen, da ja keine Elektronen abgegeben oder aufgenommen werden. Bei dieser Verbindungsbildung wird aus den Orbitalen der beiden Atome, welche eine Bindung eingehen, ein einziges Orbital gebildet, das beide Atome gleichzeitig umgibt (= Molekülorbital).

Eine Elektronenpaarbindung kann auch in der Weise entstehen, daß der eine Partner (Donor) beide Elektronen für die Bindung zur Verfügung stellt, während der andere Partner (Acceptor) eine Elektronenlücke aufweist. Solche Donor-Acceptor-Bindungen kommen vor allem bei Komplexen (vgl. Kapitel 14) vor.

11.2 *Molekulargewicht und Mol*

Früher wurde bereits das Atomgewicht eingeführt. Analog dazu kann für Verbindungen, die aus Molekülen aufgebaut sind, das Molekulargewicht definiert werden. Auch bei dieser Größe handelt es sich um eine Verhältniszahl: Das Molekulargewicht gibt an, wieviel mal schwerer ein Molekül ist als $^1/_{12}$ $^{12}_{6}C$-Kohlenstoffatom.

Zur Berechnung von Molekulargewichten ist es am einfachsten, die Atomgewichte der an der Verbindung beteiligten Elemente zu summieren. Beispiele:

Cl_2	Molekulargewicht	=	2 × 35,5	=	71,0
CH_4	Molekulargewicht	=	12 + 4 × 1	=	16
CO_2	Molekulargewicht	=	12 + 2 × 16	=	44

Da im Ionengitter von Ionenverbindungen wie NaCl (vgl. Fig. 6) nicht isolierte NaCl-Moleküle sondern Na^+- und Cl^--Ionen als Bausteine enthalten sind, kann nicht vom Molekulargewicht im eigentlichen Sinn gesprochen werden. Deshalb wurde das nach der Formel der Ionenverbindung berechnete «Molekulargewicht» als *Formelgewicht* bezeichnet:

NaCl	Formelgewicht	=	23 + 35,5	=	58,5
$AlCl_3$	Formelgewicht	=	27 + 3 × 35,5	=	133,5

Die Angabe 1 Mol bedeutet, daß soviel Gramm von der betreffenden Substanz zu nehmen sind, wie das Molekulargewicht angibt; als analoge Größe für Elemente wurde früher das Grammatom verwendet und die dem Mol entsprechende Größe bei Ionenverbindungen als Grammformelgewicht bezeichnet.

Also:	1 Grammatom Na	= 23 g Na
	1 Mol CO_2	= 44 g CO_2
	1 Grammformelgewicht NaCl	= 58,5 g NaCl

Neuerdings wird diese verwirrende Terminologie aufgegeben, es wird auch für das Grammatom und das Grammformelgewicht der Ausdruck Mol verwendet. Die von der IUPAC vorgeschlagene neue Definition für das Mol hat sich allgemein durchgesetzt:

1 Mol einer Substanz ist diejenige Substanzmenge, deren Anzahl Elementareinheiten (Atome, Moleküle, Ionen) der Anzahl der in 12 g reinem $^{12}_{6}C$-Kohlenstoff enthaltenen C-Atome entspricht.

Diese Anzahl ist bekannt: 12 g $^{12}_{6}C$-Kohlenstoff enthalten $6{,}022 \cdot 10^{23}$ $^{12}_{6}C$-Atome (Avogadro-Zahl N, vgl. Kapitel 21.2). Demnach kann man ebensogut wie von einem Mol CO_2-Gas (= N Moleküle CO_2) auch von einem Mol NaCl (= N Na^+-Ionen + N Cl^--Ionen), einem Mol SO_4^{2-}-Ionen (= N SO_4^{2-}-Ionen) oder sogar von einem Mol Elektronen (= N Elektronen) sprechen.

11.3 *Die Bindungszahl*

Der Wasserstoff benötigt zur Erreichung der nächsten Edelgaskonfiguration (Helium) nur ein Elektron. Das Wasserstoffmolekül H_2 wird durch die Elektronenformel H : H wiedergegeben. Da dem Wasserstoff pro Atom nur ein Elektron zur Verfügung steht, kann pro H-Atom auch nur eine Bindung gebildet werden, z. B. mit Kohlenstoff:

Aus der Elektronenformel des Methanmoleküls ist klar zu ersehen, daß jedes der fünf an der Verbindung beteiligten Atome eine Edelgaskonfiguration erreicht hat.

In diesem Beispiel hat der Kohlenstoff die Bindungszahl vier, der Wasserstoff die Bindungszahl eins.

Als *Bindungszahl* definiert wird die Anzahl der Atome, mit denen ein bestimmtes Atom in einem Molekül verbunden ist.

11.4 *Doppel- und Dreifachbindungen*

Anstelle der bis jetzt gezeigten Einfachbindungen können auch Mehrfachbindungen gebildet werden. So müssen die beiden Stickstoffatome im N_2-Molekül drei gemeinsame Elektronenpaare bilden, damit jedes die Neonkonfiguration erreichen kann:

Hier liefert jeder Verbindungspartner gleich viele, nämlich drei Elektronen für die Bildung der drei gemeinsamen Elektronenpaare; bei dieser Bindung handelt es sich um eine Dreifachbindung.

Eine Doppelbindung ist z. B. im Ethylenmolekül mit der Elektronenformel

enthalten.

11.5 *Polarisierte Elektronenpaarbindungen*

In den meisten bis jetzt besprochenen Fällen waren beide an der Elektronenpaarbindung beteiligten Atome von der gleichen Sorte, z. B. in H_2, Cl_2, N_2.

Im Chlormolekül 

sind zwei stark elektronegative Atome miteinander verbunden (PAULING-Wert für Cl : 3,0). Das bedeutet, daß jedes der beiden Cl-Atome das gemeinsame Elektronenpaar ganz zu sich herüberziehen möchte. Da diese Tendenz bei zwei gleichen Atomen natürlich genau gleich stark ist, wird auf das gemeinsame Elektronenpaar von beiden Seiten her die gleiche Kraft ausgeübt. Deshalb ist das gemeinsame Elektronenpaar als Elektronenwolke symmetrisch über die beiden Cl-Atome verteilt. Nur so ist es möglich, daß die von beiden Seiten auf das gemeinsame Elektronenpaar wirkenden Kräfte sich gegenseitig aufheben. Die restlichen sechs Elektronen pro Cl-Atom sind auf beiden Seiten genau gleich angeordnet. Deshalb ist dieses Molekül vollständig symmetrisch aufgebaut.

Elektronenpaarbindungen können jedoch auch zwischen verschiedenen Atomen gebildet werden. Als Beispiel soll das Fluorwasserstoff-Molekül HF dienen. Die beiden Verbindungspartner unterscheiden sich nicht nur in der Größe (Atomradius von H sehr viel kleiner als der von F), sondern auch in der Elektronegativität (F: 4,0; H: 2,1 nach Fig. 5). Fluor ist viel stärker elektronegativ als Wasserstoff und hat deshalb die viel größere Tendenz, das gemeinsame Elektronenpaar zu sich herüberzuziehen, als der weniger elektronegative Wasserstoff. Deshalb wird das gemeinsame Elektronenpaar etwas in die Nähe des Fluors gezogen. Für die Elektronenformel des HF-Moleküls müßte also anstelle von

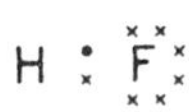 besser 

geschrieben werden. Durch die Verschiebung des gemeinsamen Elektronenpaars in Richtung auf das Fluor-Atom ist die Verteilung der negativen Ladungen, der Elektronen, über das Molekül asymmetrisch geworden, es ist Polarisierung eingetreten. Das heißt: Das Ende des Moleküls, an dem der Wasserstoff sitzt, wird leicht positiv, das andere Ende leicht negativ aufgeladen, da sich die negativen Ladungen etwas zum F-Atom hin bewegt haben. In der Elektronenformel kann das als

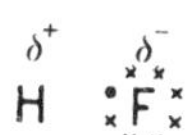

angedeutet werden. Es ist jedoch zu beachten, daß durch die Polarisierung keine Ionen entstehen. Die hier auftretenden Ladungen sind klein im Vergleich zur Ladung von Ionen. Diese asymmetrische Ladungsverteilung bewirkt aber, daß sich das Molekül wie ein Dipol verhält und sich in einem homogenen elektrischen Feld in die Richtung der Feldlinien einstellt. Für diese *Dipolmoleküle* kann das folgende Symbol verwendet werden:

11.6 *Das Wassermolekül H_2O*

Auch das Wassermolekül ist ein Dipolmolekül. Die beiden O–H-Bindungen schließen einen Winkel von 104°40′ ein und sind polarisiert, wobei der

Wasserstoff eine partielle positive, der Sauerstoff eine partielle negative Ladung erhält:

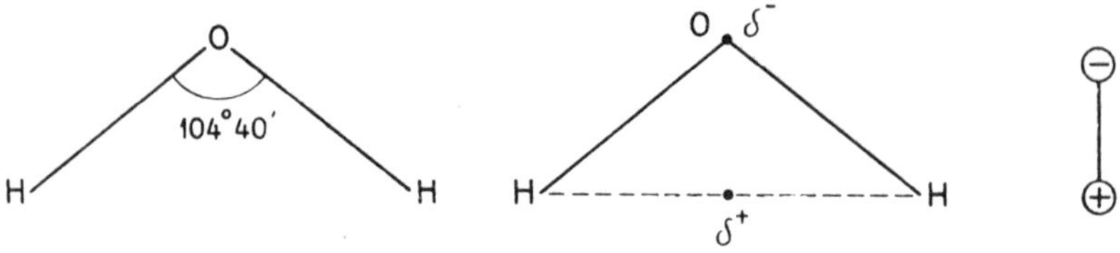

Struktur von H_2O — Lage der Ladungsschwerpunkte — Vereinfacht: Dipol

Fig. 7

Somit fällt der Schwerpunkt δ^- der negativen Ladung, der im Sauerstoffatom liegt, nicht mit dem Schwerpunkt δ^+ der positiven Ladung, der sich in der Mitte zwischen den beiden H-Atomen befindet, zusammen. Das Wassermolekül hat deshalb beim Sauerstoff einen negativen, auf der Seite der Wasserstoffatome einen positiven Pol, es liegt also ein Dipolmolekül vor.

Die besonderen Eigenschaften des Wassers, die sich aus dem Dipolcharakter des H_2O-Moleküls ergeben, werden im Kapitel 15 ausführlich behandelt.

11.7 *Zusammenhang zwischen Bindungszahl und Richtung von Elektronenpaarbindungen*

Bei Ionenverbindungen beruht der Zusammenhalt zwischen den einzelnen Ionen auf elektrostatischen Anziehungskräften. Diese Kräfte wirken nach allen Richtungen des Raumes gleichmäßig, was zur Bildung von Ionengittern führt (vgl. Kapitel 10.2). Das bedeutet, daß Ionenbindungen nicht gerichtet sind.

Im Gegensatz dazu sind Elektronenpaarbindungen gerichtet; ihre Wirkung beschränkt sich auf die beiden Atome, welche durch gemeinsame Elektronenpaare verbunden sind. Enthält ein Molekül mehrere Elektronenpaarbindungen, so stellen sich diese gesetzmäßig zueinander ein. Dabei sind folgende Möglichkeiten zu unterscheiden:

Bindungszahl des als ○ gekennzeichneten Atoms	*Form des Moleküls und Richtung der Bindungen*		*Beispiel*
1		Lineares, zweiatomiges Molekül	Cl_2, HF
2	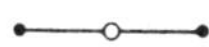	Lineares, dreiatomiges Molekül	$BeCl_2$
	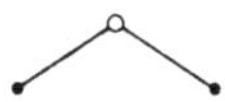	Gewinkeltes Molekül	H_2O
3	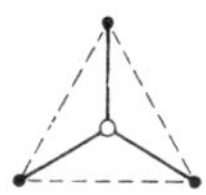	Ebenes Molekül, die Bindungen sind nach den Ecken eines gleichseitigen Dreiecks gerichtet	BF_3
	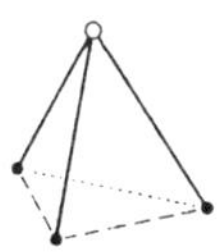	Die drei Bindungen bilden eine dreiseitige Pyramide	NH_3
4	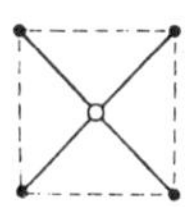	Ebenes Molekül, die vier Bindungen sind nach den vier Ecken eines Quadrats gerichtet	Häufig bei Komplexen
	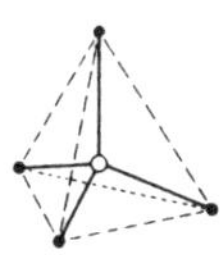	Tetraedrisches Molekül, die vier Bindungen sind nach den vier Ecken eines Tetraeders gerichtet	CH_4
6	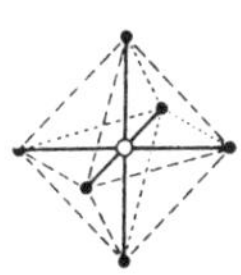	Oktaedrisches Molekül, die sechs Bindungen sind nach den sechs Ecken eines Oktaeders gerichtet	SF_6; häufig bei Komplexen

11.8 *Bedingungen für das Zustandekommen von reinen und polarisierten Elektronenpaarbindungen*

Die reine Elektronenpaarbindung wird nur dann gebildet, wenn beide beteiligten Atome gleich stark elektronegativ sind. Das ist meist nur der Fall, wenn das Molekül aus gleichartigen Atomen aufgebaut ist wie in Cl_2, H_2, N_2.

Besteht zwischen den beiden an der Bindung beteiligten Atomen ein Elektronegativitätsunterschied, so wird das gemeinsame Elektronenpaar in die Nähe des stärker elektronegativen Atoms gezogen. Das hat eine unregelmäßige Verteilung der negativen Ladung über das Molekül zur Folge, es entsteht eine polarisierte Elektronenpaarbindung.

Überschreitet die Elektronegativitätsdifferenz einen bestimmten Wert, so wird keine Elektronenpaarbindung mehr gebildet. In diesem Fall findet ein Elektronenübergang vom schwächer elektronegativen auf das stärker elektronegative Atom statt, es entstehen Ionen.

In mehratomigen Molekülen besteht die Möglichkeit, daß sich die Wirkungen von verschiedenen polarisierten Elektronenpaarbindungen gegenseitig aufheben. Im Tetrachlorkohlenstoff-Molekül CCl_4 sind alle vier C–Cl-Bindungen polarisiert (Cl ist elektronegativer als C); jede dieser Bindungen ist als Dipol zu betrachten. Dank der symmetrischen Anordnung der vier polarisierten Bindungen in einem Tetraeder heben sich ihre Wirkungen gegenseitig auf. Deshalb weist das CCl_4-Molekül nach außen keinen Dipolcharakter auf.

12. Übergänge zwischen den Bindungstypen

In den beiden vorangehenden Kapiteln wurden zwei Grundtypen von Bindungen dargestellt. Die Verschiedenheit im Bindungscharakter bedingt auch Eigenschaften, in denen sich die beiden Verbindungstypen unterscheiden:

Ionenverbindungen sind immer aus einem Ionengitter aufgebaut. Sie sind salzartig und schwerflüchtig, d. h. sie weisen meist sehr hohe Schmelz- und Siedepunkte auf.

Kovalente Verbindungen sind aus Molekülen aufgebaut, die im festen Zustand ein Molekülgitter bilden. Schmelz- und Siedepunkte steigen mit zunehmendem Molekulargewicht an, liegen aber für viele Verbindungen so tief, daß sie leicht in den gasförmigen Zustand übergeführt werden können (leichtflüchtige Verbindungen). Diese Aussagen betreffen kovalente Verbindungen soweit es sich nicht um makromolekulare Stoffe (Verbindungen mit sehr hohem Molekulargewicht) handelt.

Diese Bindungstypen stellen Idealfälle dar, die nur selten vollkommen verwirklicht werden. Die meisten chemischen Bindungen stehen zwischen den beiden reinen Bindungstypen und besitzen sowohl vom einen als auch vom andern typische Merkmale.

Ganz schematisch kann ein solcher Übergang demonstriert werden, wenn man untersucht, welche Bindungen beim Zusammentritt von zwei Atomen A· und ·B entstehen können:

A· + ·B → ?	*Bindungstyp*
A^+ :B^-	Ionenbindung: A hat ein Elektron an B abgegeben, es sind Ionen entstanden. In diesem Fall muß A ein Metall-, B ein Nichtmetallatom sein (Elektronegativitätsdifferenz zwischen A und B $\geq$ 2,0)
$\overset{\delta^+}{A}$: $\overset{\delta^-}{B}$	Polarisierte Elektronenpaarbindung: Es wurde ein gemeinsames Elektronenpaar gebildet. Auch in diesem Fall besteht zwischen A und B eine Elektronegativitätsdifferenz, die jedoch kleiner als 2,0 sein soll. B ist hier der stärker elektronegative Partner und hat deshalb das Elektronenpaar etwas zu sich herübergezogen
A : B	Reine Elektronenpaarbindung: A und B dürfen keine Elektronegativitätsdifferenz aufweisen; die Elektronenverteilung ist symmetrisch. Diese Bedingung wird meist nur von Atomen desselben Elements erfüllt.
$\overset{\delta^-}{A}$: $\overset{\delta^+}{B}$	Polarisierte Elektronenpaarbindung: Hier gilt genau dasselbe wie im oben beschriebenen Fall, nur daß jetzt A das stärker elektronegative Atom ist
A:$^-$ B^+	Ionenbindung: Gleicher Fall wie der erste, doch sind die Rollen von A und B vertauscht

Der Grad der Polarisation ist der Elektronegativitätsdifferenz proportional. Durch Variation der Bindungspartner A und B ist es möglich, alle denkbaren Schattierungen von Übergängen zwischen der reinen Ionenbindung und der reinen Elektronenpaarbindung zu verwirklichen.

Daß diese modellmäßig gezeigten Übergänge auch wirklich vorkommen, kann an Verbindungsreihen demonstriert werden: In der Reihe der Verbindungen von Elementen der dritten Periode mit Chlor findet ein allmählicher Übergang von der reinen Ionenbindung (NaCl) zur reinen Elektronenpaarbindung (Cl_2) statt:

$NaCl$	$MgCl_2$	$AlCl_3$	$SiCl_4$	PCl_3	SCl_2	Cl_2
Reine Ionenbindung						Reine Elektronenpaarbindung

13. Die metallische Bindung

Die Theorie der metallischen Bindung hat sich in den letzten Jahrzehnten ständig geändert. Schwierigkeiten treten hier auf, weil der Charakter der metallischen Bindung nur auf dem Umweg über die Untersuchung einer Reihe von typischen physikalischen Eigenschaften der Metalle erkannt werden kann. Diese sollen hier kurz aufgezählt werden:

Die wichtigste Eigenschaft der Metalle ist die große *Leitfähigkeit für Elektrizität und Wärme.* Dabei ist zu beachten, daß an einem metallischen Leiter (z. B. Kupferdraht) beim Stromdurchtritt keine stofflichen Änderungen auftreten und keine Materie transportiert wird (vgl. im Gegensatz dazu die Elektrolyse einer NaCl-Schmelze, Fig. 11, die den Strom auch leitet. Dort wandern jedoch Ionen, zudem wird das Kochsalz durch den elektrischen Strom in die Elemente zerlegt).

Alle Metalle sind *dehnbar* und *deformierbar.* Daß eine derartige Behandlung möglich ist, ohne daß Bruch erfolgt, weist auf starke Kohäsionskräfte zwischen den Bausteinen eines Metallstücks hin. Das meist sehr hohe spezifische Gewicht der Metalle läßt zudem auf eine dichte Packung dieser Bausteine schließen.

Ferner wäre noch der *Oberflächenglanz* und die Fähigkeit mancher Metalle, nach Bestrahlung mit kurzwelligem Licht oder starker Erhitzung Elektronen zu emittieren, zu erwähnen.

Diese Eigenschaften unterscheiden die Metalle von allen übrigen Elementen und Verbindungen. Sie lassen sich nur erklären, wenn man annimmt, daß jedes Metall im elementaren Zustand leicht bewegliche Elektronen enthält. In diesem Punkt stimmen alle Theorien über die metallische Bindung überein.

In der *klassischen Theorie* der metallischen Bindung wurde angenommen, daß die Metallatome ihre Valenzelektronen abgeben und ein dichtgepacktes Ionengitter bilden. Die Valenzelektronen bewegen sich dabei frei als sogenanntes Elektronengas in den Gitterzwischenräumen und verhindern so die Abstoßung der eng benachbarten positiv geladenen Metallionen. Das leicht bewegliche Elektronengas erklärt auch die Leitfähigkeit der Metalle, indem diese Ladungswolke durch Anlegen einer Spannung leicht in einer bestimmten Richtung verschoben werden kann.

Diese Theorie ist jedoch unbefriedigend, besonders wegen des aus durchwegs positiv geladenen Ionen aufgebauten Gitters. Sie darf heute als überholt betrachtet werden.

Eine modernere Theorie geht auf PAULING zurück. Untersuchungen an Metallen ergeben, daß sie aus Gittern mit der Koordinationszahl 12 aufgebaut sind. Dabei kann es sich um die kubisch oder hexagonal dichteste Kugelpackung handeln[1]. In dieser Anordnung hat jedes Atom 12 Nachbarn.

[1] Manche Metalle bilden ein kubisch raumzentriertes Gitter mit der Koordinationszahl 8. Die hier dargestellten Überlegungen sind auch auf diesen Fall anwendbar.

Die für die Bildung von Bindungen zur Verfügung stehenden Valenzelektronen (Elektronen der äussersten, nicht vollständig aufgefüllten Schale) reichen nun bei weitem nicht aus, um Bindungen zwischen einem bestimmten Atom und allen seinen 12 Nachbarn zu ermöglichen.

Nach der Theorie von PAULING werden pro Atom nach Maßgabe der vorhandenen Valenzelektronen eine bestimmte Anzahl von Bindungen ausgebildet, die aber völlig delokalisiert sind. Das heißt, daß nicht immer die gleichen zwei Atome miteinander verbunden sind, sondern daß ein bestimmtes Atom bald mit diesem, bald mit jenem seiner 12 Nachbaratome eine Bindung eingeht. Die Valenzelektronen sind also sehr beweglich und können ohne Energieaufwand von einem Atom auf das andere übertragen werden. Diese Elektronenübergänge erfolgen selbstverständlich so, daß nirgends eine Anhäufung von Ladungen entstehen kann.

Die Annahme von delokalisierten Bindungen und leicht beweglichen Elektronen leistet für die Erklärung der oben erwähnten metallischen Eigenschaften ebenso gute Dienste wie die völlig von den Atomrümpfen gelösten Valenzelektronen (Elektronengas) in der klassischen Theorie. Eine genauere Beschreibung der metallischen Bindung ist heute auf der Basis der MO-Theorie (Molecular Orbital-Theorie) möglich, auf die aber im Rahmen dieser Einführung nicht eingegangen werden kann.

Diese Ausführungen gelten sowohl für reine Metalle als auch für Legierungen.

14. Komplexchemie

Eine Darstellung der chemischen Bindung wäre unvollständig, wenn man das große Gebiet der komplexen Verbindungen nicht berücksichtigen würde. Die ersten Arbeiten über dieses wichtige und vielseitige Gebiet stammen vom Zürcher Chemiker ALFRED WERNER und erschienen im Jahre 1893.

Was ist nun unter einer komplexen Verbindung zu verstehen? Ganz allgemein besteht eine komplexe Verbindung aus einem Zentralteilchen und einigen darum herum angeordneten Liganden. Bei diesen Liganden handelt es sich immer um Moleküle oder Ionen, die wenigstens ein einsames Elektronenpaar aufweisen.

Beim Zentralteilchen handelt es sich in den meisten Fällen um ein positiv geladenes Metallion. Als Liganden kommen Ionen oder (Dipol-)Moleküle in Frage. Ein einfacher Komplex ist in Fig. 8 dargestellt.

14.1 *Ion-Ion-Komplexe*

Bei Ion-Ion-Komplexen treten als Liganden Ionen auf. Vom positiv geladenen Zentralion aus wirken auf negativ geladene Ionen elektrische Feldkräfte, die nicht gerichtet sind und nicht abgesättigt werden können. Diese Tatsache wurde bereits bei der Erklärung der Ionengitter verwendet.

So kann ein Silberion Ag^+ nicht nur ein Cyanidion CN^- anlagern, sondern deren zwei

$$Ag^+ + 2CN^- \longrightarrow [Ag(CN)_2]^-$$

Beim nun vorliegenden Gebilde $[Ag(CN)_2]^-$ handelt es sich um einen Ion-Ion-Komplex. Das Zentralion Ag^+ ist von zwei Liganden CN^- umgeben. Dieses Beispiel zeigt auch, daß ein Ion-Ion-Komplex immer elektrisch geladen ist, genauer müßte also $[Ag(CN)_2]^-$ als komplexes Ion bezeichnet werden. Es ist üblich, Komplexe durch eckige Klammern einzurahmen und kenntlich zu machen, wie das hier bereits geschehen ist.

Diese komplexen Ionen werden hauptsächlich in Lösungen gebildet, wenn die Ligandionen (z. B. CN^-) im Überschuß vorhanden sind. Sie können aber auch als Ganzes in ein Ionengitter eingebaut werden (z. B. in $Na[Ag(CN)_2]$).

Die Zahl der Liganden, die an das Zentralion angelagert werden können, hängt von der Größe der beteiligten Ionen ab. Man kann hier wie beim Ionengitter eine Koordinationszahl angeben; sie nennt in diesem Fall die Zahl der an das Zentralion angelagerten Liganden.

Beispiele für die Bildung von Ion-Ion-Komplexen			Anordnung der Liganden
$Ag^+ + 2\,CN^-$	$\longrightarrow [Ag(CN)_2]^-$	KZ für Ag^+ : 2	linear
$Hg^{2+} + 4\,I^-$	$\longrightarrow [HgI_4]^{2-}$	KZ für Hg^{2+} : 4	tetraedrisch
$Fe^{3+} + 6\,F^-$	$\longrightarrow [FeF_6]^{3-}$	KZ für Fe^{3+} : 6	oktaedrisch

14.2 *Ion-Dipol-Komplexe*

Anstelle von Ionen können vom Zentralion auch die negativen Pole von Dipolmolekülen angezogen werden. Die wichtigsten hier auftretenden Liganden sind das Wasser- und das Ammoniakmolekül (H_2O und NH_3). Beide haben einen ausgeprägten Dipolcharakter, wie er für das Wassermolekül in Kapitel 11.7 erklärt worden ist. Auch für Ion-Dipol-Komplexe gibt es eine Koordinationszahl; die räumliche Anordnung der Liganden um das Zentralion erfolgt wie bei den Ion-Ion-Komplexen (vgl. oben).

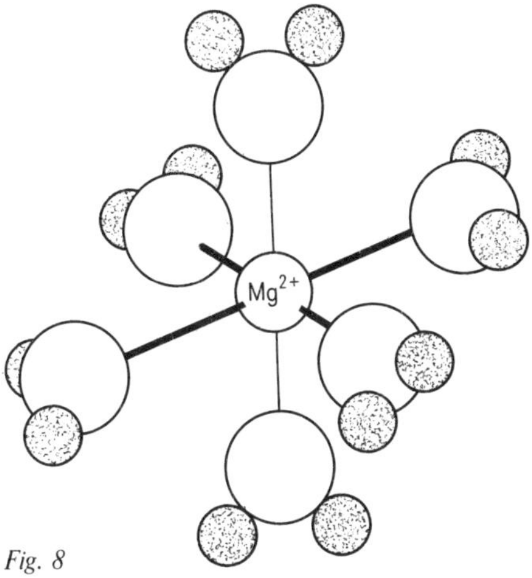

Fig. 8

Fig. 8 zeigt einen Ion-Dipol-Komplex mit Wassermolekülen als Liganden: $[Mg(H_2O)_6]^{2+}$. Die Koordinationszahl ist 6, die Liganden befinden sich an den Ecken eines Oktaeders, in dessen Zentrum das Mg^{2+}-Ion sitzt. Dabei sind die Wassermoleküle so orientiert, daß ihre negativen Pole gegen das Zentralion gerichtet sind. In Fig. 8 wird der Sauerstoff der Wassermoleküle durch einen größeren, die beiden Wasserstoffatome durch zwei kleinere Kreise dargestellt. Der negative Pol des Wassermoleküls liegt,.wie früher gezeigt wurde, im Sauerstoffatom. Alle Ionen bilden in wässriger Lösung derartige Komplexe mit H_2O-Molekülen. Metall-Kationen liegen dabei meist als hexaquo-Komplexe von oktaedrischer Struktur vor. Ganz analoge Komplexe werden mit NH_3-Molekülen gebildet.

14.3 *Chelatkomplexe*

Dieser dritte Typ von komplexen Verbindungen soll noch kurz erwähnt werden, da er eine große Bedeutung in der Biochemie besitzt. Bei den Chlorophyllen, dem Hämoglobin und vielen weitern Verbindungen, z. B. manchen Enzymen, handelt es sich um Chelatkomplexe.

Für die Bildung von Chelatkomplexen sind besondere Liganden nötig. In den bisher besprochenen Komplexen beteiligte sich jeder Ligand mit nur einem Elektronenpaar an der Auffüllung der Elektronenschalen des Zentralions. Die Zahl der Liganden entsprach deshalb immer der Koordinationszahl. Für die Bildung von Chelatkomplexen ist es nötig, daß die Liganden mehrere, aber mindestens zwei einsame Elektronenpaare aufweisen.

Die Beteiligung von zwei Elektronenpaaren pro Ligand an der Komplexbildung führt zu cyclischen (ringförmigen) Strukturen.

Ein geeigneter Ligand für den Aufbau eines Chelatkomplexes ist das Ethylen-diamin (abgekürzt en). In diesem Molekül sind zwei einsame Elektronenpaare vorhanden; ein solcher Ligand wird als zweizähniger Ligand bezeichnet:

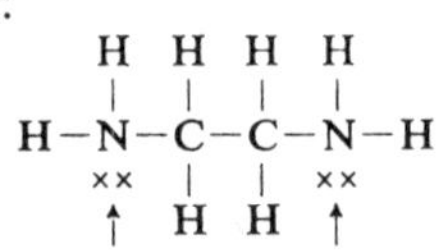

Bildet sich z. B. mit Co^{3+}-Ionen ein Komplex, so entsteht die folgende Anordnung:

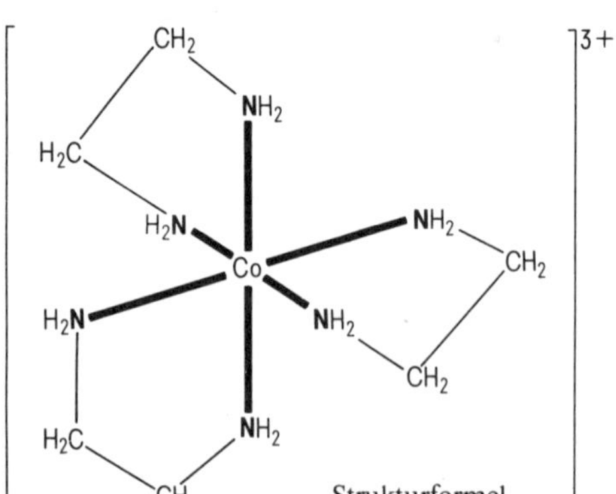

Strukturformel

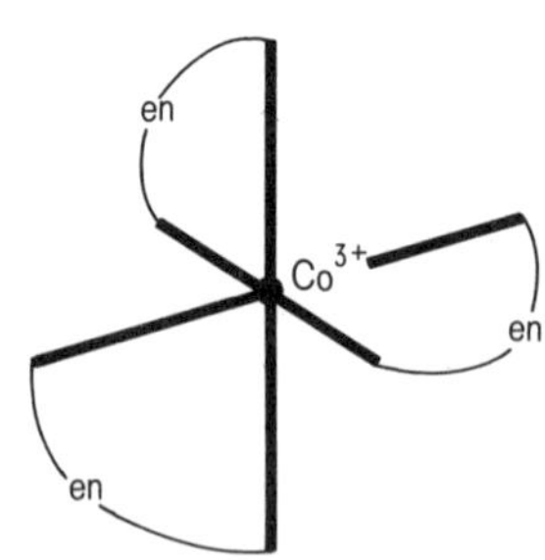

Räumliche Anordnung der drei Liganden

Hier besetzt jeder Ligand zwei Ecken des Oktaeders, jeder bildet also mit dem Zentralion zusammen einen Ring. Das ist das typische Merkmal für das Vorliegen eines Chelatkomplexes[1]. Etwas komplizierter gebaute Liganden mit mehreren einsamen Elektronenpaaren im Molekül, sogenannte mehrzähnige Liganden, können vier oder sogar alle sechs Koordinationsplätze eines Metallions besetzen.

Es ist unmöglich, hier weiter auf diese interessanten Verbindungen einzugehen. Abschließend sei noch erwähnt, daß hauptsächlich 5- und 6-gliedrige Ringe auftreten (das Zentralion wird mitgezählt).

14.4 *Elektronische Struktur von Komplexen*

All diesen komplexen Verbindungen ist eines gemeinsam: Die Liganden müssen mindestens ein einsames Elektronenpaar besitzen.

Ammoniakmolekül Cyanidion Wassermolekül

Wie entsteht nun ein Komplex? Handelt es sich beim Zentralion z. B. um Eisen, so kann zunächst die Elektronenkonfiguration für das Eisenatom angegeben werden (nach dem System von Fig. 3):

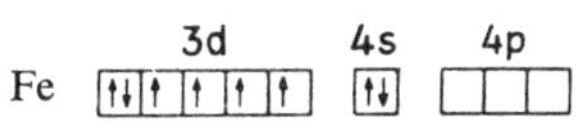

Beim Übergang Fe → Fe^{2+} werden die beiden 4*s*-Elektronen abgegeben. Die Konfiguration ist jetzt

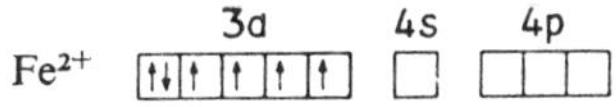

Bei der Komplexbildung werden nun die einsamen Elektronenpaare der Liganden in die Elektronenschale des Zentralions eingebaut. Dabei handelt es sich um Donor-Acceptor-Bindungen, da das bindende Elektronenpaar ganz vom Liganden geliefert wird. Zuerst rücken die Elektronen des Eisenions paarweise zusammen. In die dadurch freigewordenen sechs Or-

[1] Der Name kommt aus dem Griechischen: χηλή = Krebsschere.

bitale (Kästchen) werden die sechs Elektronenpaare der Liganden eingeführt:

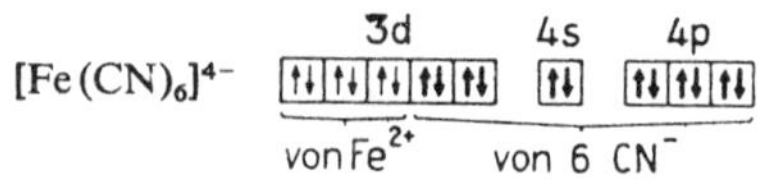

Das Eisen hat nun insgesamt 36 Elektronen in seinen Schalen (weitere 18 befinden sich auf den 1*s*- bis 3*p*-Schalen!), es hat damit die Elektronenkonfiguration des Kryptons erreicht (Edelgas!).

Bei diesem Typus spricht man von einer d^2sp^3-Bindung, da die Elektronenpaare der Liganden zwei *d*-, ein *s*- und drei *p*-Orbitale des Zentralions besetzt haben. Zu einer d^2sp^3-Bindung gehört die oktaedrische Anordnung der sechs Liganden. Fast alle Komplexe mit der Koordinationszahl 6 werden nach diesem Schema gebildet.

Auch hier kommt neben der Koordinationszahl 6 die kleinere KZ 4 vor. Die Anordnung der vier Liganden kann dabei eben (Quadrat) oder tetraedrisch sein. Die Bildung der einen oder andern Form hängt davon ab, wo die Elektronenpaare der Liganden in die Schalen des Zentralions eingebaut werden. Die ebene Anordnung der Liganden wird deutlich bevorzugt. Beispiel: $[Ni(CN)_4]^{2-}$

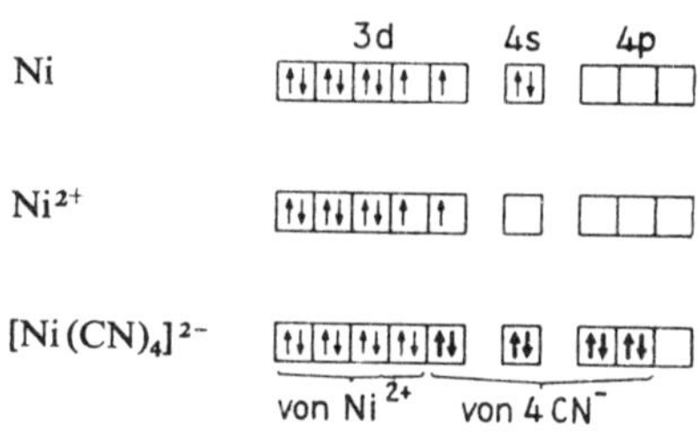

Aus der Darstellung der Elektronenkonfiguration von $[Ni(CN)_4]^{2-}$ kann entnommen werden, daß hier eine dsp^2-Bindung gebildet wurde. Dazu gehört eine ebene Anordnung der Liganden: Die vier Liganden liegen in den vier Ecken eines Quadrats, in dessen Zentrum sich das Zentralion befindet.

14.5 *Die Kristallfeldtheorie*

Besonders viele Komplexe werden von den sogenannten Übergangselementen gebildet. Charakteristisch für diese Elemente, die im periodischen

System die Nebengruppen bilden, sind vollständig aufgefüllte *s*- und *p*-Schalen, aber unvollständig besetzte *d*-Schalen. Die modernen Theorien der Komplexchemie, die Kristallfeld- und die Ligandfeldtheorie, basieren auf der Untersuchung und Berechnung von Wechselwirkungen zwischen den Liganden und den *d*-Elektronen der Zentralionen. Die Kristallfeldtheorie wurde erstmals von BETHE (1929) formuliert, dann aber erst in den fünfziger Jahren zur Deutung des Verhaltens und der Eigenschaften komplexer Verbindungen herangezogen.

14.5.1 *d*-Elektronen

Zum besseren Verständnis der Kristallfeldtheorie müssen zuerst die *d*-Elektronen, speziell die 3*d*-Elektronen, etwas näher beschrieben werden, als das im Kapitel 4.3 geschehen ist. Fig. 9 zeigt die Form, welche den fünf 3*d*-Orbitalen zugeordnet wird:

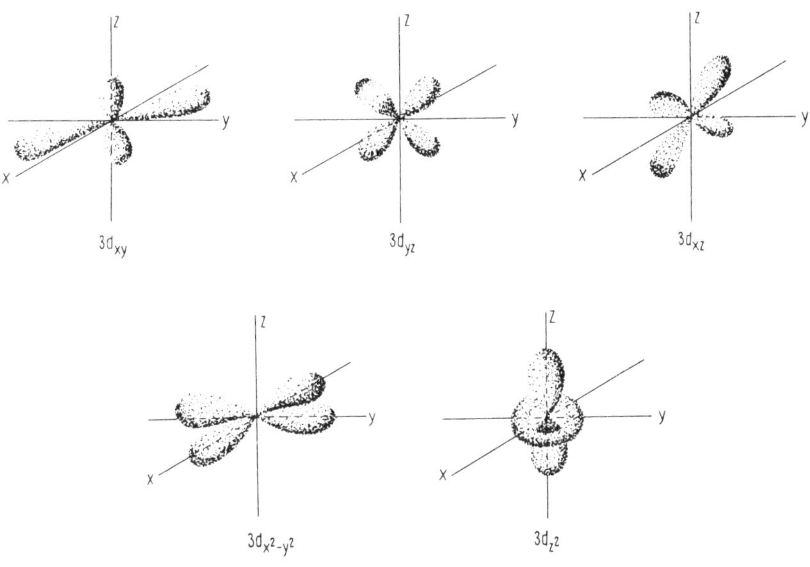

Diese Orbitale weisen zwei senkrecht zueinander stehende Knotenebenen auf, es handelt sich um vierteilige Elektronenwolken. Die ersten drei davon liegen in den *xy*-, *yz*- und *xz*-Ebenen des Koordinatensystems, und zwar so, daß die vier Teile jedes Orbitals zwischen die Achsen des Koordinatensystems zu liegen kommen. Entsprechend ihrer Lage in diesen Ebenen werden diese drei *d*-Orbitale als $3d_{xy}$-, $3d_{yz}$- und $3d_{xz}$-Orbitale bezeichnet. Das $3d_{x^2-y^2}$-Orbital liegt, wie das $3d_{xy}$-Orbital in der *xy*-Ebene, nun aber so, daß die vier Teile des Orbitals auf die Achsen des Koordinatensystems zu liegen kommen. Das $3d_{z^2}$-Orbital, das eine andere Form hat, entsteht durch mathematische Kombination von zwei weiteren denkbaren Orbitalen, die gleich gebaut sind, wie das $3d_{x^2-y^2}$-Orbital, aber in den *xz*- und *yz*-Ebenen liegen.

Bei isolierten Atomen oder Ionen liegen diese fünf 3*d*-Orbitale alle auf demselben Energieniveau.

14.5.2 Wirkung von Liganden auf die *d*-Elektronen von Übergangselementen

Die Liganden, die mit einem Zentralion einen Komplex bilden, sind Moleküle oder Ionen, die mindestens ein freies Elektronenpaar besitzen. Hier soll zunächst nur der Fall von Komplexen mit sechs Liganden in oktaedrischer Anordnung behandelt werden. Dabei ist zu untersuchen, welche elektrostatischen Wechselwirkungen zwischen den Elektronen der Liganden und den *d*-Elektronen des Zentralions auftreten können.

Vor der Komplexbildung sind alle fünf 3*d*-Orbitale energetisch gleichwertig, ein einzelnes 3*d*-Elektron würde sich in allen fünf 3*d*-Orbitalen mit gleicher Wahrscheinlichkeit aufhalten. Wenn sich nun die sechs Liganden von allen Seiten her entlang den Koordinatenachsen dem Zentralion nähern (was die oktaedrische Anordnung ergibt), so hört die Gleichwertigkeit der 3*d*-Orbitale auf. Die 3*d*-Elektronen bevorzugen nun diejenigen *d*-Orbitale, in denen sie sich so weit wie möglich von den Elektronen der Liganden entfernt aufhalten können. Diese günstigen Orbitale sind die $3d_{xy}$-, $3d_{xz}$- und $3d_{yz}$-Orbitale, deren Elektronenwolken, wie aus Fig. 9 hervorgeht, zwischen den Koordinatenachsen angeordnet sind. Dagegen werden die $3d_{x^2-y^2}$ und $3d_{z^2}$-Orbitale, deren Elektronenwolken sich vor allem entlang der Koordinatenachsen erstrecken, ungünstiger. Hier müssen sich die *d*-Elektronen in nächster Nähe der Ligand-Elektronen aufhalten, was natürlich aus elektrostatischen Gründen ungünstig ist.

Das folgende Diagramm soll diese Aufspaltung der *d*-Niveaus in einem oktaedrisch gebauten Komplex veranschaulichen.

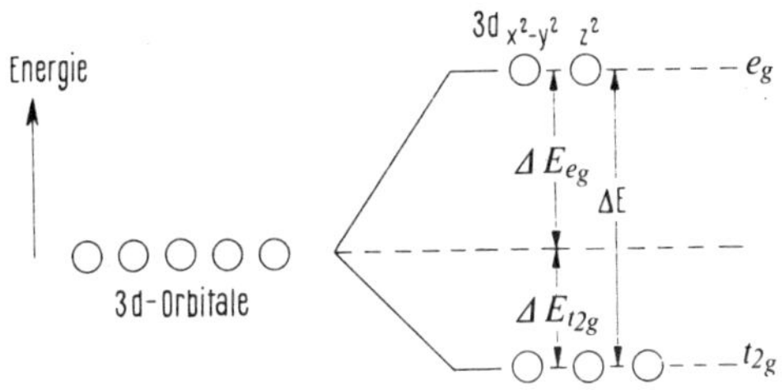

Die $3d_{x^2-y^2}$- und $3d_{z^2}$-Orbitale liegen nun auf einem höheren Energieniveau, sie werden als e_g-Orbitale bezeichnet. An der Gesamtenergie des Systems ändert sich bei der Aufspaltung der *d*-Niveaus nichts. Daher liegen die $3d_{xy}$-, $3d_{xz}$- und $3d_{yz}$-Orbitale (zusammen üblicherweise als t_{2g}-Orbitale bezeichnet) jetzt auf einem tieferen Energieniveau. Dabei muß jedesmal die Bedingung $4\Delta E_{e_g} - 6\ \Delta E_{t_{2g}} = 0$ erfüllt sein (die Energie, die man benötigt, um vier Elektronen auf das e_g-Niveau anzuheben, muß der Energie entsprechen, die beim Übergang von sechs Elektronen auf das t_{2g}-Niveau gewonnen wird). Das bedeutet, daß $\Delta E_{e_g} : \Delta E_{t_{2g}} = 2 : 3$ gelten muß.

Bei Komplexen mit der KZ 4 kann eine tetraedrische oder eine ebene, quadratische Anordnung der Liganden auftreten. In beiden Fällen kommt es ebenfalls zu einer Aufspaltung der *d*-Niveaus, die jedoch wegen der anderen Geometrie des Systems anders als im oben besprochenen Fall erfolgen wird.

14.5.3 Anordnung der *d*-Elektronen auf den e_g- und t_{2g}-Niveaus

Die im obenstehenden Schema gezeigten e_g- und t_{2g}-Orbitale können nun nach der HUNDschen Regel mit Elektronen aufgefüllt werden. Mit den ersten drei Elektronen wird jedes t_{2g}-Orbital einfach besetzt. Das vierte Elektron hat nun zwei Möglichkeiten: Es kann sich in einem der e_g-Orbitale aufhalten oder in eines der energieärmeren, aber bereits einfach besetzten t_{2g}-Orbitale eintreten:

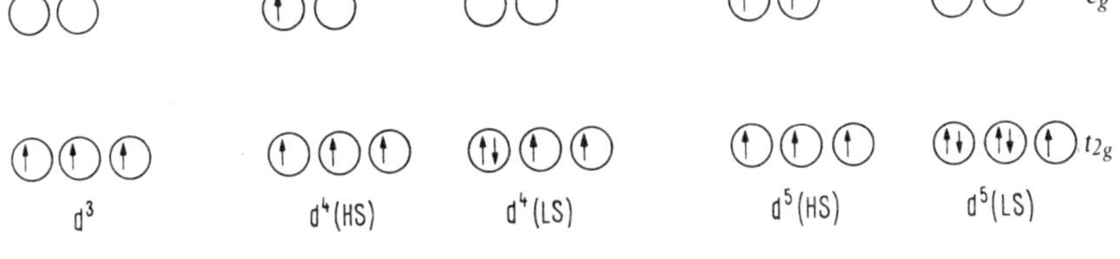

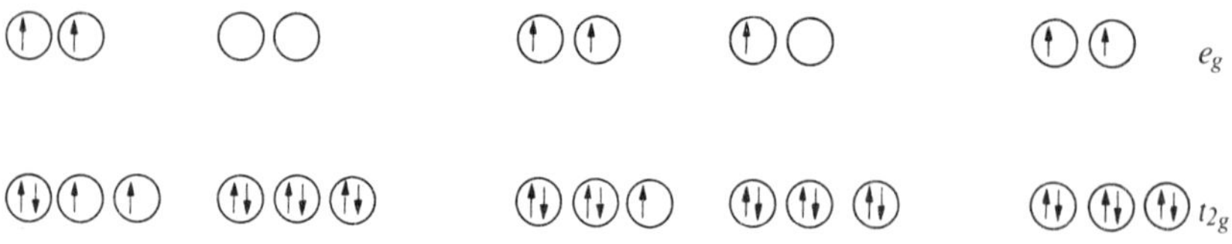

Auch bei der Besetzung mit 5, 6 oder 7 *d*-Elektronen gibt es zwei Möglichkeiten zur Verteilung der Elektronen auf die e_g- und t_{2g}-Orbitale, bei 8, 9 oder 10 *d*-Elektronen dagegen ist wieder nur noch eine einzige Elektronenkonfiguration möglich.

Ob bei einem Metallion mit 4, 5, 6 oder 7 *d*-Elektronen die eine oder die andere Möglichkeit der Besetzung der e_g- und t_{2g}-Orbitale realisiert wird, hängt von der Art der Liganden ab (vgl. den folgenden Abschnitt). Experimentell kann man zwischen den beiden Anordnungen unterscheiden, wenn man die magnetischen Eigenschaften des Komplexes untersucht. Die beiden möglichen Elektronenkonfigurationen unterscheiden sich jeweils in der Zahl der ungepaarten Elektronen, was sich in verschiedenen magnetischen Momenten zeigt. Die Anordnung mit der höheren Anzahl ungepaarter Elektronen wird als *high-spin*-Konfiguration (Abkürzung HS), diejenige mit der kleineren Anzahl ungepaarter Elektronen als *low-spin*-Konfiguration (Abkürzung LS) bezeichnet.

14.5.4 Klassifizierung der Liganden

Im Abschnitt 14.5.2 wurde gezeigt, daß die Annäherung der Liganden an das Zentralion eine Aufspaltung der *d*-Niveaus zur Folge hat. Der Energieunterschied ΔE zwischen den e_g- und den t_{2g}-Niveaus ist variabel und hängt von der Art der Liganden ab. Auf Grund von spektroskopischen Untersuchungen wurde gefunden, daß ΔE jeweils für ein bestimmtes Zentralion in der Reihe

$$I^- < Br^- < Cl^- < F^- < OH^- < H_2O < NH_3 < NO_2^- < CN^-$$

zunimmt (spektrochemische Reihe der Liganden). Mit Cyanidionen CN^- als Liganden wird ΔE also am größten. Das hat zur Folge, daß hier die e_g-Niveaus besonders energiereich und daher ungünstig sind. Daher wird hier die LS-Konfiguration bevorzugt, da dabei alle *d*-Elektronen auf dem tieferliegenden t_{2g}-Niveau untergebracht werden können.

In Komplexen mit «schwächeren» Liganden, z. B. F^-, wird dagegen die HS-Konfiguration bevorzugt. Hier ist ΔE viel geringer. Es ist auch zu beachten, daß das Unterbringen von zwei Elektronen in einem Orbital ebenfalls ein energetisch ungünstiger Vorgang ist, der nur in Kauf genommen wird, wenn, wie im Fall der CN^--haltigen Komplexe, ΔE sehr groß ist.

14.6 *Die Ligandfeldtheorie*

Die Kristallfeldtheorie befaßt sich nur mit rein elektrostatischen Wechselwirkungen zwischen den Liganden und den *d*-Elektronen des Zentralions. Das bedeutet eine Vereinfachung, denn in Wirklichkeit kommt es zu Überlappungen zwischen Orbitalen des Zentralions und der Liganden, zur teilweisen Ausbildung von Bindungen. Die Behandlung der Ligandfeldtheorie erfordert jedoch Kenntnisse, die den Rahmen des in dieser Einführung behandelten Stoffs sprengen. Für eine umfassendere Beschreibung, wie sie heute auf der Basis der MO-Theorie (Molecular Orbital-Theorie) möglich ist, sei daher auf die im Literaturverzeichnis erwähnten Lehrbücher für Fortgeschrittene verwiesen.

Immerhin sei noch kurz auf den Zusammenhang zwischen der Konfiguration der *d*-Elektronen und der Komplexstabilität hingewiesen. Das Fe^{2+}-Ion hat sechs 3*d*-Elektronen (vgl. auch Kapitel 14.4). Diese besetzen, je nachdem ob die LS- oder die HS-Konfiguration vorliegt, nur drei oder alle fünf der 3*d*-Orbitale. Bei Ausbildung eines Komplexes treten die einsamen Elektronenpaare der Liganden in leere Orbitale des Zentralions ein, und zwar in solche mit möglichst tiefer Energie. Im Falle der LS-Konfiguration des Fe^{2+}-Ions können die sechs Elektronenpaare zwei 3*d*-, das 4*s*- und die drei 4*p*-Orbitale besetzen, was die für stabile oktaedrische Komplexe typische d^2sp^3-Anordnung ergibt. Bei der HS-Anordnung stehen hingegen den Elektronenpaaren der Liganden keine 3*d*-Orbitale zur Verfügung, sie müssen hier auf das 4*s*-, die drei 4*p*- und zwei 4*d*-Orbitale verteilt werden. Die nun vorliegende sp^3d^2-Anordnung ist energetisch weniger günstig als die d^2sp^3-Konfiguration. Allgemein kann man sagen, daß Komplexe, in denen das Zentralion in *high-spin*-Konfiguration vorliegt, eine geringere Stabilität aufweisen als solche mit *low-spin*-Konfiguration des Zentralions.

Chemie der wäßrigen Lösungen

15. Das Wasser

In der anorganischen Chemie ist das Wasser das wichtigste gebräuchliche Lösungsmittel. Für die meisten analytischen und viele präparative Zwecke wird mit wäßrigen Lösungen gearbeitet. Deshalb sollen hier die Eigenschaften behandelt werden, die dem Wasser zu dieser Sonderstellung verholfen haben.

15.1 *Dipolcharakter und Assoziation*

In Fig. 7 wurde gezeigt, daß das Wassermolekül H_2O Dipolcharakter hat. Der positive Pol eines Wassermoleküls kann die negativen Pole von anderen Dipolmolekülen anziehen. Dipolmoleküle sind demnach fähig, durch Zusammenlagerung, *Assoziation,* größere Molekülverbände zu bilden (Fig. 10).

Daß diese Erscheinung beim Wasser besonders stark hervortritt, zeigt sich bei einem Vergleich der Wasserstoffverbindungen der 6. Hauptgruppe des periodischen Systems. Bei H_2S, H_2Se und H_2Te steigen Schmelzpunkt, Siedepunkt und Verdampfungswärme entsprechend der Zunahme des Molekulargewichts an. Unregelmäßig ist nur das erste Glied der Reihe, H_2O, da nur hier die Assoziation ein größeres Ausmaß annimmt:

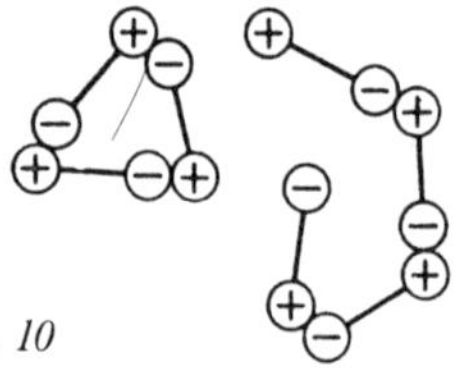

Fig. 10

Verbindung		H_2O	H_2S	H_2Se	H_2Te
Molekulargewicht		$n \times 18$	34	81	129,6
Schmelzpunkt	°C	0,0	−85,6	−60,4	−51,0
Siedepunkt	°C	100,0	−60,8	−41,5	− 1,8
Verdampfungswärme	kJ/Mol	40,6	18,8	19,3	23,4

Die Assoziation ist somit dafür verantwortlich, daß das Wasser bei Zimmertemperatur flüssig ist. Wäre Wasser nämlich aus einzelnen H_2O-Molekülen aufgebaut, so hätte es das Molekulargewicht 18 $(16 + 2 \times 1)$. Eine Verbindung von diesem geringen Molekulargewicht wäre jedoch bei Zimmertemperatur und Atmosphärendruck gasförmig, ihre Schmelz- und Siedepunkte würden noch tiefer liegen als diejenigen von H_2S. Durch die Assoziation entstehen nun aber größere Gebilde von der Formel $(H_2O)_n$. Das bedeutet eine Erhöhung des Molekulargewichts von 18 auf $n \times 18$, wodurch der Siedepunkt des Wassers so stark erhöht wird, daß er mit 100°C weit über der Zimmertemperatur liegt. Die Assoziation erklärt auch die besonders hohe Verdampfungswärme von Wasser, die 539 cal/g (entsprechend 40,6 kJ/Mol) beträgt.

15.2 *Wasserstoffbrücken*

Genauer wird die Assoziation beschrieben, wenn man den Begriff der Wasserstoffbrücken einführt. Jedes Wasserstoffatom im Wassermolekül hat die Fähigkeit, außer dem daran gebundenen Sauerstoffatom noch ein weiteres O-Atom anzulagern, das z. B. zu einem andern Wassermolekül gehört. Das Wasserstoffatom bildet somit eine Brücke zwischen den Sauerstoffatomen zweier Wassermoleküle, wobei die eine Bindung eine polarisierte Elektronenpaarbindung ist, die andere, zusätzliche, jedoch nur auf elektrostatischer Anziehung beruht. (Dank der Polarisierung der O–H-Bindungen im Wassermolekül sind die H-Atome leicht positiv, die O-Atome leicht negativ aufgeladen, dadurch wird die Brückenbildung ermöglicht.)

Jedes Wassermolekül kann an maximal vier Wasserstoffbrücken beteiligt sein, wobei zwei der brückenbildenden Wasserstoffatome zum betrachteten Molekül, die zwei anderen zu weiteren Wassermolekülen gehören. Diese Möglichkeit wird nur bei sehr tiefen Temperaturen (unterhalb von –180°C) in Eis realisiert. Eis hat demnach eine Gitterstruktur, bei der sich jedes Sauerstoffatom im Zentrum eines Tetraeders befindet, dessen Ecken durch die Sauerstoffatome der benachbarten Wassermoleküle gebildet werden. Beim Übergang in den flüssigen Zustand bricht diese Gitterstruktur mehr und mehr auf; im Durchschnitt sind in flüssigem Wasser noch etwas mehr als zwei Wasserstoffbrücken pro H_2O-Molekül vorhanden. Wasserdampf schliesslich besteht vorwiegend aus einzelnen H_2O-Molekülen. Die Art der Brückenbildung in flüssigem Wasser wird in Fig. 11 dargestellt. Die Wasserstoffatome der einzelnen H_2O-Moleküle werden durch abwechslungsweise Verwendung von leeren und ausgefüllten Kreisen unterschieden.

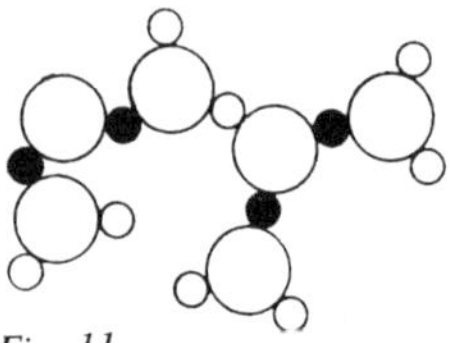

Fig. 11

15.3 *Die Dielektrizitätskonstante*

Bringt man Dipolmoleküle wie H_2O in das elektrische Feld zwischen einer positiven und einer negativen Ladung, so richten sie sich alle so aus, daß ihre negativen Pole der positiven Ladung, die positiven Pole der negativen Ladung zugekehrt sind. Dadurch wird das Feld teilweise neutralisiert, seine Wirkung wird geringer.

Diese Tatsache wird durch die Dielektrizitätskonstante wiedergegeben, die für jede aus Dipolmolekülen bestehende Verbindung einen charakteristischen Wert hat. Wasser z. B. hat eine Dielektrizitätskonstante von 81, die zwischen zwei elektrischen Ladungen wirkenden Kräfte sind in Wasser sehr viel kleiner als in Luft. Das in Kapitel 10 erwähnte Gesetz von COULOMB lautet für den Fall, daß sich zwischen den Ladungen Q_1 und Q_2 ein Material von der Dielektrizitätskonstanten ε befindet:

$$K = \frac{1}{\varepsilon} \cdot k \cdot \frac{Q_1 \cdot Q_2}{r^2}.$$

15.4 *Das Wasser als Lösungsmittel*

Bei den meisten in der anorganischen Chemie auftretenden Bindungen handelt es sich um Ionenbindungen oder polarisierte Elektronenpaarbindungen, wobei der Zusammenhalt der Moleküle und der Ionengitter auf elektrostatischer Anziehung beruht. Auf alle diese Bindungen hat das Wasser eine doppelte Wirkung:

- Die zwischen elektrisch geladenen Partikeln (Ionen oder Pole von Dipolmolekülen) wirkenden elektrostatischen Kräfte werden stark reduziert.
- Aus einem Gitter oder Molekül abgespaltene Ionen werden von den Wassermolekülen sofort umhüllt, wobei die Orientierung der Wasser-

Dipole davon abhängt, ob das betreffende Ion positiv oder negativ geladen ist. Auch die Pole von Dipolmolekülen werden sofort von Wassermolekülen umgeben.

15.5 *Andere Lösungsmittel*

Obwohl das Wasser das fast ausschließlich verwendete Lösungsmittel in der anorganischen Chemie ist, muß dennoch darauf hingewiesen werden, daß es durch jede andere Substanz mit ähnlichen Eigenschaften ersetzt werden kann. Daß es solche Substanzen gibt, zeigt die folgende Aufstellung, die für einige Lösungsmittel die Dielektrizitätskonstante angibt:

		ε
HCN	Blausäure	123
HF	Fluorwasserstoff	83,6
H_2O	**Wasser**	**81**
CH_3OH	Methylalkohol	35,4
NH_3	Ammoniak	22
SO_2	Schwefeldioxid	13,8
H_2S	Schwefelwasserstoff	10,2
CH_3COOH	Essigsäure	9,7

Die meisten dieser Stoffe haben allerdings unangenehme Eigenschaften, wie Geruch, Giftigkeit (H_2S, HCN, SO_2); sie erfordern das Arbeiten bei tiefen Temperaturen (bei H_2S –60°C, bei NH_3 –34°C, eventuell unter hohem Druck bei Zimmertemperatur) oder sie können nur in besonderen Reaktionsgefäßen verwendet werden (z. B. Fluorwasserstoff). Das Wasser hingegen steht in großen Mengen bereits zur Verfügung, kann leicht gereinigt werden, ermöglicht meist das Arbeiten bei Zimmer- oder leicht erhöhter Temperatur und ist nicht giftig. Deshalb erweist es sich mit seinen günstigen Eigenschaften und dem hohen ε -Wert nach wie vor als das am besten geeignete Lösungsmittel für die Zwecke der anorganischen Chemie. Immerhin könnte man anstelle der hier zur Diskussion stehenden «Chemie der wäßrigen Lösungen» auch eine Chemie mit einer der oben angeführten Substanzen als Lösungsmittel aufbauen. Wegen der beschriebenen Nachteile wird jedoch von diesen Lösungsmitteln nur für spezielle Untersuchungen Gebrauch gemacht.

16. Wirkung des Wassers auf chemische Bindungen, wäßrige Lösungen

Das vorangehende Kapitel zeigte die besonderen Eigenschaften des Wassers. Hier geht es nun darum, die Wirkung dieses Lösungsmittels auf die verschiedenen Bindungstypen zu untersuchen.

16.1 *Ionenbindungen*

Bei einem Ionengitter, beispielsweise einem Kochsalzkristall, beruht der Zusammenhalt auf der elektrostatischen Anziehung zwischen den bei der Verbindungsbildung entstandenen Ionen.

Entsprechend der sehr hohen Dielektrizitätskonstanten $\varepsilon = 81$ von Wasser werden diese zwischen den Ionen wirkenden Anziehungskräfte stark reduziert, wenn man das Ionengitter in Wasser bringt. Daran schliesst sich ein zweiter Vorgang an, bei dem im Fall von Kochsalz genügend Energie freigesetzt wird, um die restlichen Anziehungskräfte zwischen den Ionen im Gitter zu überwinden: An die Na^+- und Cl^--Ionen lagern sich Wassermoleküle an. Die Ausrichtung der H_2O-Dipole erfolgt dabei entsprechend der Ladung der Ionen.

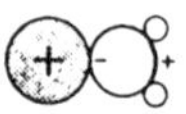

Ausrichtung der Wasserdipole

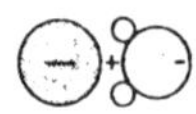

bei positiv geladenen Ionen

bei negativ geladenen Ionen

Positiv geladenen Ionen wird der negative, negativ geladenen Ionen der positive Pol der Wassermoleküle zugewendet.

Dieser Vorgang ist nichts anderes als die Bildung eines Ion-Dipol-Komplexes, wie sie in Kapitel 14.2 beschrieben worden ist. Da jedoch dieser Fall von Komplexbildung besonders häufig ist (er kommt in jeder wäßrigen Lösung, die Ionen enthält, vor), hat er einen eigenen Namen erhalten; man spricht von *Hydratation.* Der ganze Vorgang kann als Reaktionsgleichung wie folgt dargestellt werden:

$$Na^+Cl^- \xrightarrow{H_2O} [Na^+ + Cl^-] \xrightarrow{H_2O} Na^+ \cdot 6H_2O + Cl^- \cdot 4H_2O$$

Kochsalz Ionengitter — Abbau der Anziehungskräfte im Ionengitter — hydratisierte Ionen

Im folgenden seien noch einige energetische Überlegungen ausgeführt. Bei der Bildung von Ionengittern oder von hydratisierten Ionen ist die Annäherung von entgegengesetzt geladenen Teilchen bis zur gegenseitigen Berührung der entscheidende Vorgang. Dabei wird Energie frei.

Hebt man einen Körper auf eine bestimmte Höhe, so besitzt er eine bestimmte potentielle Energie. Während des freien Falles wird diese in kinetische Energie umgewandelt, beim Aufprall auf dem Boden wird Wärme frei. Ganz analog dazu besitzt auch ein geladenes Teilchen, das sich in einer bestimmten Entfernung von einem entgegengesetzt geladenen Teilchen befindet, potentielle Energie. Diese wird bei der Annäherung der beiden Teilchen in Form von Wärme frei.

Wenn sich aus Na^+- und Cl^--Ionen ein Gitter bildet, wird also eine bestimmte Energiemenge frei, die als *Gitterenergie U* bezeichnet wird. Will man das Gitter wieder abbauen, wie das beim Auflösen in Wasser der Fall ist, so muß wieder genau die gleiche Energiemenge aufgewendet werden. Daß die Gitterenergien beträchtliche Energiemengen sind, zeigt die folgende Aufstellung:

Verbindung	Gitterenergie kJ/Mol	Gitterenergie kcal/Mol	Verbindung	Gitterenergie kJ/Mol	Gitterenergie kcal/Mol
NaF	900	215	MgO	3935	940
NaCl	753	180	CaO	3525	842
NaBr	720	172	SrO	3311	791
NaI	674	161	BaO	3127	747
KI	624	149	MgS	3299	788
RbI	602	144	CaS	3022	721
CsI	569	136	BaS	2746	656

Beachte, daß die Größe der Gitterenergie weitgehend von den Radien und der Ladung der am Gitter beteiligten Ionen abhängt: Je kleiner die Ionen und je höher deren Ladungen sind, um so stärker ist die dazwischen wirkende Anziehung und um so größer wird die Gitterenergie.

Auch bei der Hydratation, der Anlagerung von Wasserdipolen an Ionen, wird Energie frei, man bezeichnet sie als *Hydratationswärme H.* Wie aus der folgenden Tabelle zu ersehen ist, spielt auch hier der Ionenradius eine entscheidende Rolle: Je kleiner das Ion und je höher seine Ladung ist, um so größer wird die zugehörige Hydratationswärme:

Hydratisiertes Ion	Hydratationswärme kJ/Mol	kcal/Mol	Hydratisiertes Ion	Hydratationswärme kJ/Mol	kcal/Mol
Li^+	515	123	Sr^{2+}	1486	355
Na^+	406	97	Ba^{2+}	1277	305
K^+	322	77			
Rb^+	293	70	F^-	490	117
Cs^+	264	63	Cl^-	356	85
Mg^{2+}	1926	460	Br^-	327	78
Ca^{2+}	1654	395	I^-	285	68

Für die energetische Betrachtung eines Lösevorgangs spielen somit zwei Größen eine Rolle: Die Gitterenergie U und die Hydratationswärme H. Die Lösungswärme L setzt sich aus diesen beiden Energiemengen zusammen:

$$L = H - U.$$

U erhält dabei ein negatives Vorzeichen, da diese Energiemenge aufgewendet werden muß, H ein positives Vorzeichen, da diese Energiemenge frei wird.

Ist nun $H > U$, so wird L positiv; bei der Auflösung wird sich in einem solchen Fall die Lösung erwärmen.

Ist hingegen $H < U$, so reicht die Hydratationswärme nicht aus, um die Gitterenergie aufzubringen. Ist die Differenz klein, so kann die fehlende Energiemenge der Umgebung entzogen werden, was eine Abkühlung der Lösung zur Folge hat. Wenn H sehr viel kleiner ist als U, so ist das betreffende Salz in Wasser schlecht bis unlöslich. Beispiele:

Wie kann man $CaCl_2$ von $CaCl_2 \cdot 6H_2O$ unterscheiden?
$CaCl_2$ dissoziiert beim Auflösen in Wasser:

$$CaCl_2 \xrightarrow{\text{Wasser}} Ca^{2+} + 2\,Cl^-$$

Für diesen Vorgang muß die Gitterenergie aufgebracht werden. Bei der Hydratation der Ionen

$$Ca^{2+} + 2\,Cl^- \xrightarrow{\text{Wasser}} Ca^{2+} \cdot 6H_2O + 2\,Cl^- \cdot 4H_2O$$

wird sehr viel Energie frei. Besonders groß ist die Hydratationswärme für das kleine Ca^{2+}-Ion.
In diesem Fall ist $H > U$; beim Auflösen von $CaCl_2$ in Wasser wird sich die Lösung erwärmen.

Bei der Auflösung von $CaCl_2 \cdot 6H_2O$ fällt die große Hydratationswärme des Ca^{2+}-Ions dahin, da die Calciumionen schon im Ionengitter von $6H_2O$-Molekülen umgeben sind. Hier wird daher $H < U$; beim Auflösen von $CaCl_2 \cdot 6H_2O$ in Wasser kann die Gitterenergie nicht ganz durch die Hydratation der Ionen aufgebracht werden. Die fehlende Energiemenge wird der Umgebung entzogen, die Lösung wird abgekühlt.

Beim Verdünnen von konzentrierter Schwefelsäure tritt eine außerordentlich starke Erwärmung der Lösung ein.
In der konzentrierten Schwefelsäure liegen H_2SO_4-Moleküle vor. Erst die beim Zugeben von Wasser ablaufende Reaktion

$$H_2SO_4 + H_2O \longrightarrow H_3O^+ + HSO_4^-$$

liefert H_3O^+-Ionen, hydratisierte H^+-Ionen. Da diese H^+-Ionen (= Protonen) sehr klein sind, ist die zugehörige Hydratationswärme entsprechend groß und beträgt 1047 kJ/Mol (250 kcal/Mol). Da hier kein Ionengitter abzubauen ist und das Abtrennen eines Protons aus dem H_2SO_4-Molekül wenig Energie erfordert, resultiert ein großer Energieüberschuß und damit die beobachtete große Lösungswärme.

16.2 *Elektronenpaarbindungen*

Das Auflösen in Wasser kann für die in einer Verbindung enthaltenen Elektronenpaarbindungen verschiedene Konsequenzen haben. Reine Elektronenpaarbindungen wie z. B. die C–C-Bindungen in organischen Verbindungen werden vom Wasser nicht angegriffen. Bei polarisierten Elektronenpaarbindungen kommt es zur Hydratisierung an den Teilladungen tragenden Stellen des Moleküls. Es kann jedoch auch eine Reaktion mit dem Wasser eintreten; dabei wird die polarisierte Elektronenpaarbindung gebrochen:

$$BCl_3 + 6H_2O \longrightarrow H_3BO_3 + 3H_3O^+ + 3\,Cl^-.$$

So zersetzt sich Bortrichlorid BCl_3 in Wasser zu Borsäure $B(OH)_3 = H_3BO_3$ und Salzsäure; dabei wird die polarisierte Elektronenpaarbindung zwischen B und Cl gebrochen. Derartige Reaktionen spielen in der Chemie der Nichtmetalle und in der organischen Chemie eine wichtige Rolle.

16.3 *Komplexe Verbindungen*

Das Verhalten von komplexen Verbindungen in wäßriger Lösung hängt von der Stabilität dieser Verbindungen ab. Besteht ein Komplex-Ion (oder ein Komplex-Molekül) aus einem Zentralion M^{n+} und z. B. sechs Liganden X, so kann nach der Gleichung

$$[MX_6]^{n+} + 6H_2O \rightleftharpoons [M(H_2O)_6]^{n+} + 6X$$

ein Austausch der Liganden X gegen H_2O-Moleküle stattfinden. Es kommt also darauf an, ob die Liganden X oder H_2O mit dem Ion M^{n+} den stabileren Komplex bilden. Ist das Wasser der bessere Komplexbildner, so zerfällt der Komplex $[MX_6]^{n+}$, man erhält neben dem hydratisierten Metallion die früheren Liganden X in freier Form. Ist jedoch $[MX_6]^{n+}$ stabiler als $[M(H_2O)_6]^{n+}$, so nimmt das Komplex-Ion an Reaktionen in wäßriger Lösung immer als Ganzes teil. Deshalb ist es nicht möglich, in Lösungen des Ferrocyanid-Ions $[Fe(CN)_6]^{4-}$ die darin enthaltenen Fe^{2+}- und CN^--Ionen durch analytische Reaktionen einzeln nachzuweisen.

17. Säuren und Basen

Der Säure-Basen-Begriff ist im Laufe der Entwicklung der Chemie immer wieder neu gefaßt und erweitert worden. Noch im 18. Jahrhundert (LAVOISIER) wurde der Sauerstoff als Träger des sauren Charakters einer Säure betrachtet (daher hat das Element O seinen Namen erhalten!). Erst die Entdeckung sauerstofffreier Säuren durch DAVY (1814) widerlegte diese Theorie und 1884 erkannte ARRHENIUS das H^+-Ion als Träger der sauren Eigenschaften.

17.1 *Säure-Basen-Theorie von Arrhenius*

Die erste allgemeingültige Säure-Basen-Theorie stammt von ARRHENIUS (1884) und beruht auf seinen Erkenntnissen über die Dissoziation, den Zerfall in Ionen, von Säuren und Basen in wäßriger Lösung:

Jede Verbindung, die bei der Dissoziation in wäßriger Lösung H^+-Ionen abgibt, ist eine Säure.

Jede Verbindung, die bei der Dissoziation in wäßriger Lösung OH^--Ionen abgibt, ist eine Base.

Beispiele für Säuren:

HCl	$\longrightarrow$	H^+	$+ Cl^-$	Salzsäure
H_2SO_4	$\longrightarrow$	$2H^+$	$+ SO_4^{2-}$	Schwefelsäure
HNO_3	$\longrightarrow$	H^+	$+ NO_3^-$	Salpetersäure
CH_3COOH	$\longrightarrow$	H^+	$+ CH_3COO^-$	Essigsäure

Beispiele für Basen:

$NaOH$	$\longrightarrow$	Na^+	$+ OH^-$	Natriumhydroxid
$Ba(OH)_2$	$\longrightarrow$	Ba^{2+}	$+ 2OH^-$	Bariumhydroxid
$NH_3 + H_2O$	$\longrightarrow$	NH_4^+	$+ OH^-$	Ammoniak

17.2 *Säure-Basen-Theorie nach Broensted* (1923)

Diese Theorie stellt eine Erweiterung der ARRHENIUS-Theorie dar. BROENSTED definierte Säuren und Basen nur noch mit Hilfe von H^+-Ionen = Protonen:

Als *Säuren* werden alle Partikel bezeichnet, die Protonen abspalten können.
Als *Basen* werden alle Partikel bezeichnet, die Protonen binden können.

Diese Definitionen machen es möglich, sämtliche Säuren-Basen-Reaktionen als Vorgänge zu betrachten, bei denen Protonen übertragen werden. Dabei ist zu beachten, daß die Gleichung

$$HCl \longrightarrow H^+ + Cl^-$$

das Verhalten von Salzsäure in wäßriger Lösung nicht richtig zu beschreiben vermag. Freie H^+-Ionen, also einzelne Protonen, sind in wäßriger Lösung nicht existenzfähig. Sie lagern sich sofort unter Bildung von H_3O^+-Ionen an Wassermoleküle an. Damit hat aber das Wassermolekül nach der BROENSTEDschen Definition als Base gewirkt.

Allgemein kann man sagen, daß die Abspaltung eines Protons aus einer Säure niemals als isolierter Vorgang auftreten kann, sondern immer mit einem zweiten Vorgang gekoppelt sein muß, bei dem das abgegebene Proton wieder verbraucht wird. Im Ganzen findet also eine *Protonenübertragung* von einer BROENSTED-Säure auf eine BROENSTED-Base statt. Dieser Reaktionstyp wird als *Protolyse* bezeichnet.

$$\begin{array}{lcl} HCl & \longrightarrow & H^+ + Cl^- \\ H_2O + H^+ & \longrightarrow & H_3O^+ \\ \hline HCl + H_2O & \longrightarrow & H_3O^+ + Cl^- \\ \text{Säure}_1 \quad \text{Base}_2 & & \text{Säure}_2 \quad \text{Base}_1 \end{array}$$

Das im Teilvorgang $HCl \rightarrow H^+ + Cl^-$ der Protolyse gebildete Cl^--Ion ist nach BROENSTED eine Base, denn es kann unter Aufnahme eines Protons wieder in HCl übergehen. Cl^- wird daher als zu HCl *konjugierte Base* bezeichnet. In welchem Ausmaß dieser Vorgang tatsächlich eintritt, wird in Kapitel 25 behandelt. Es sei jedoch jetzt schon darauf hingewiesen, daß es starke und schwache Säuren und Basen gibt. Starke Säuren haben eine größere Tendenz, Protonen abzugeben als schwache Säuren. Analog ist das Bestreben, Protonen aufzunehmen, bei starken Basen größer als bei schwachen Basen. Daraus folgt auch, daß die zu einer starken Säure konjugierte Base schwach sein wird und umgekehrt. Weitere Beispiele:

Säure₁		*konjugierte Base₂*		*Säure₂*		*konjugierte Base₁*
H_2SO_4	+	H_2O	$\longrightarrow$	H_3O^+	+	HSO_4^-
HSO_4^-	+	H_2O	$\longrightarrow$	H_3O^+	+	SO_4^{2-}
H_3O^+	+	NH_3	$\longrightarrow$	NH_4^+	+	H_2O
H_2O	+	H_2O	$\longrightarrow$	H_3O^+	+	OH^-
$HClO_4$	+	H_2O	$\longrightarrow$	H_3O^+	+	ClO_4^-
H_2O	+	CH_3COO^-	$\longrightarrow$	CH_3COOH	+	OH^-

An jeder dieser Säure-Basen-Reaktionen sind zwei konjugierte Säure-Basen-Paare beteiligt, wobei das eine (im ersten Beispiel H_2SO_4/HSO_4^-) Protonen liefert und das andere (H_3O^+/H_2O) diese Protonen aufnimmt. Beim Arbeiten in Lösungen wird das Lösungsmittel meist die Rolle des einen dieser Säure-Basen-Paare spielen (H_3O^+/H_2O und H_2O/OH^- in Wasser, NH_4^+/NH_3 und NH_3/NH_2^- in flüssigem Ammoniak).

Diese Beispiele zeigen auch, daß ein bestimmtes Molekül oder Ion sowohl die Rolle einer Säure als auch diejenige einer Base übernehmen kann; die Begriffe Säure und Base bezeichnen also weniger chemische Stoffklassen, sondern vielmehr ein bestimmtes chemisches Verhalten. Das HSO_4^--Ion kann entweder als Base ein Proton anlagern und in ein H_2SO_4-Molekül übergehen oder unter Abspaltung eines weiteren Protons zu SO_4^{2-} weiterreagieren. Dasselbe gilt für das Wasser, das ebenfalls als Säure ($H_2O \longrightarrow H^+ + OH^-$) oder als Base ($H_2O + H^+ \longrightarrow H_3O^+$) an einer Reaktion teilnehmen kann. Verbindungen mit diesen Eigenschaften sind *amphoter*.

Das Verhalten einer amphoteren Verbindung wird durch den Reaktionspartner bestimmt: Das HS^--Ion wird wird sich in Gegenwart einer starken Säure als Base verhalten, von dieser ein Proton übernehmen und so in ein Schwefelwasserstoffmolekül H_2S übergehen. In Gegenwart einer starken Base verhält sich dagegen HS^- als Säure und überträgt ein Proton auf diese Base, wobei Sulfid-Ionen S^{2-} entstehen.

Aus diesen Erwägungen geht hervor, daß es nötig ist, Säuren und Basen nach ihrer Stärke zu klassifizieren. Das, zusammen mit der quantitativen Behandlung von Säure-Basen-Reaktionen wird im Abschnitt «Massenwirkungsgesetz» behandelt. Vorläufig genügt es, darauf hinzuweisen, daß die in diesem Abschnitt erwähnten Reaktionen nicht alle vollständig in der durch den Reaktionspfeil angegebenen Richtung ablaufen. Besonders gilt das für die Reaktion $H_2O + H_2O \longrightarrow H_3O^+ + OH^-$. Tatsächlich findet man bei der Untersuchung von reinem Wasser nur sehr geringe Mengen von H_3O^+- und OH^--Ionen.

Protolysereaktionen erscheinen in vielen Lehrbüchern unter dem Namen *Dissoziation*. Dieser Ausdruck bezeichnet aber eigentlich nur den einen Teilschritt (die Aufspaltung eines Säuremoleküls HA in H^+- und A^--Ionen) der Reaktion von HA mit Wasser, der in wäßriger Lösung nicht isoliert ablaufen kann. Der Protolysebegriff umfaßt beide Vorgänge, die Aufspaltung des Säuremoleküls in Ionen und die Übertragung des dabei freigesetzten Protons auf eine Base wie H_2O, NH_3, usw.

17.3 *Säure-Basen-Theorie nach Lewis*

Diese modernste Theorie wurde von G. N. LEWIS entwickelt und 1938 endgültig formuliert. Sie ist noch etwas allgemeiner als die BROENSTED-Theorie. Nach der Säure-Basen-Theorie von LEWIS ist:

eine Säure ein Molekül oder Ion, das eine Elektronenpaarlücke aufweist,
eine Base ein Molekül oder Ion, das ein einsames Elektronenpaar aufweist.

Beispiele: Säuren

Basen

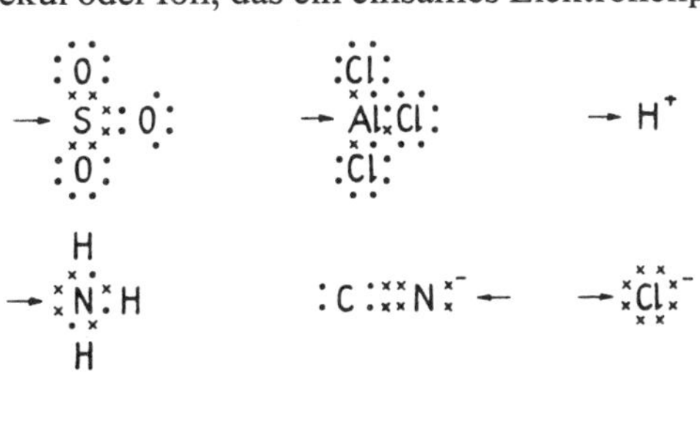

Schon aus diesen wenigen Beispielen ist ersichtlich, daß nach dieser Theorie Teilchen als Säuren und Basen bezeichnet werden, die auf Grund der älteren Theorien nicht als solche erkannt werden können[1].

Eine Neutralisationsreaktion (vgl. Kapitel 18) läuft hier darauf hinaus, daß eine Base ihr einsames Elektronenpaar in die Elektronenlücke einer Säure einführt:

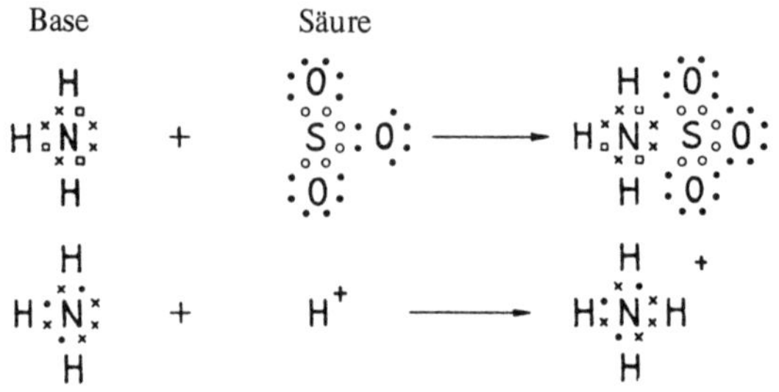

Reaktionen zwischen LEWIS-Säuren und LEWIS-Basen spielen vor allem dann eine Rolle, wenn ohne Lösungsmittel oder in einem protonenfreien Lösungsmittel (z. B. SO_2, NOCl, viele organische Lösungsmittel wie Kohlenwasserstoffe usw.) gearbeitet wird. In wäßriger Lösung sind viele der wichtigsten LEWIS-Säuren nicht beständig.

Ein Beispiel für den ersten Fall ist die Überführung von unlöslichem Aluminiumoxid Al_2O_3 in das wasserlösliche Aluminiumsulfat durch Schmelzen mit Kaliumpyrosulfat $K_2S_2O_7$:

$$K_2S_2O_7 \longrightarrow K_2SO_4 + SO_3$$
$$Al_2O_3 + 3\,SO_3 \longrightarrow Al_2(SO_4)_3$$

LEWIS-Säuren werden oft in der organischen Chemie als saure Katalysatoren verwendet, so z. B. $AlCl_3$, $FeCl_3$, $ZnCl_2$ usw. für FRIEDEL-CRAFTS-Reaktionen.

Da alle hier angeführten Säure-Basen-Theorien nebeneinander in Gebrauch sind, sollte zur Vermeidung von Verwechslungen jedesmal festgestellt werden, ob der Säure-Basen-Begriff im Sinne von ARRHENIUS, BROENSTED oder LEWIS aufzufassen ist.

[1] Bereits BERZELIUS hat den Säure- bzw. Basencharakter dieser Verbindungen erkannt, allerdings ohne ihn deuten zu können.

18. Neutralisationsreaktionen. Salze

18.1 *Neutralisationsreaktionen*

Eine wäßrige Lösung von Salzsäure HCl enthält H_3O^+- und Cl^--Ionen, eine solche von Natriumhydroxid NaOH Na^+- und OH^--Ionen. Vereinigt man äquivalente Mengen von NaOH und HCl, so ist die entstehende Lösung weder sauer noch basisch. In der Lösung hat sich die Reaktion

$$Na^+ + OH^- + H_3O^+ + Cl^- \longrightarrow Na^+ + Cl^- + 2H_2O$$

abgespielt. Die H_3O^+- und die OH^--Ionen, welche für die sauren bzw. basischen Eigenschaften der Lösungen von HCl und NaOH verantwortlich sind, treten dabei zu H_2O-Molekülen zusammen. Es wurde schon darauf hingewiesen, daß Wasser nur zu einem sehr geringen Ausmaß nach der Gleichung

$$H_2O + H_2O \longrightarrow H_3O^+ + OH^-$$

Ionen bildet. Umgekehrt haben aber H_3O^+- und OH^--Ionen eine starke Tendenz, sich zu Wassermolekülen zu vereinigen (vgl. Kapitel 24).
Da bei der oben erwähnten Reaktion eine neutrale Lösung (weder sauer noch basisch) entsteht, spricht man von einer *Neutralisationsreaktion.* Allgemein kann sie als

$$\text{Säure} + \text{Base} \longrightarrow \text{Salz} + \text{Wasser}$$

formuliert werden.

Salze sind Stoffe, die im festen Zustand Ionengitter bilden. Die Neutralisationsreaktion ist eine wichtige Methode der Salzbildung. Betrachtet man die Reaktionsgleichung

$$Na^+ + OH^- + H_3O^+ + Cl^- \longrightarrow Na^+ + Cl^- + 2H_2O$$

genau, so stellt man fest, daß die Ionen Na^+ und Cl^- an der Reaktion gar nicht teilgenommen haben. Jede Neutralisation ist also im Prinzip nichts anderes als die Bildung von Wasser aus H_3O^+- und OH^--Ionen: $H_3O^+ + OH^- \longrightarrow 2H_2O$. Das erklärt auch, weshalb bei allen Neutralisationsreaktionen zwischen starken Säuren und Basen dieselbe Energie frei wird, es handelt sich dabei um die zum Vorgang $H_3O^+ + OH^- \longrightarrow 2H_2O$ gehörige Reaktionswärme (53,7 kJ resp. 13,7 kcal pro Mol gebildetes Wasser).

Nach der BROENSTEDschen Betrachtungsweise ist die Neutralisationsreaktion nichts anderes als ein Beispiel für eine Protolyse, nämlich die Übertragung eines Protons von der Säure H_3O^+ auf die Base OH^-. Obschon der Begriff «Neutralisationsreaktion» auch heute noch häufig verwendet wird, muß doch darauf hingewiesen werden, daß er oft irreführend sein kann. Eine Salzlösung, die beim Zusammengeben äquivalenter Mengen von Säure- und Base-Lösungen entsteht, muß nicht unbedingt neutral sein (d. h. sie kann einen pH-Wert $\neq 7$ aufweisen, vgl. dazu Kapitel 29).

18.2 *Anionen und Kationen*

Jedes Salz ist aus positiv und negativ geladenen Ionen zusammengesetzt.

Als *Kationen* werden alle positiv geladenen Ionen bezeichnet, da sie bei der Elektrolyse gegen die negativ geladene Kathode wandern (vgl. Kapitel 20).

Als *Anionen* werden alle negativ geladenen Ionen bezeichnet, da sie bei der Elektrolyse gegen die positiv geladene Anode wandern.

Das Kation jedes Salzes stammt aus einer Base (z. B. NH_4^+ aus NH_3) oder aus einem Metallhydroxid (z. B. Na^+ aus NaOH, Ba^{2+} aus $Ba(OH)_2$). Das Anion jedes Salzes stammt aus einer Säure, z. B. Cl^- aus HCl, SO_4^{2-} aus H_2SO_4, PO_4^{3-} aus H_3PO_4. Da diese Ionen übrigbleiben, wenn ein Säuremolekül alle Protonen abgegeben hat, werden sie oft auch als «Säurerest» bezeichnet (im BROENSTEDschen Sinn handelt es sich um die zu den Säuren konjugierten Basen).

Man kann also sagen, daß sich die Salze

$CaCO_3$	von H_2CO_3	und $Ca(OH)_2$,
$AlBr_3$	von HBr	und $Al(OH)_3$,
$Mg(NH_4)PO_4$	von H_3PO_4, NH_3	und $Mg(OH)_2$

ableiten lassen.

19. Nomenklatur von Säuren, Basen und Salzen

Für die Benennung von Säuren, Basen und Salzen bestehen allgemeingültige Regeln. Dennoch werden für viele Verbindungen noch häufig Trivialnamen verwendet (die wichtigsten werden im folgenden in Klammern beigefügt). Hier sollen die Nomenklaturregeln angeführt und deren Anwendung jeweils anhand von einigen Beispielen gezeigt werden.

19.1 *Nomenklatur der Basen*

Nach der BROENSTEDschen Definition ist der Begriff Base nicht mehr, wie das in älteren Lehrbüchern der Fall ist, gleichbedeutend mit Metallhydroxid. Bei den Metallhydroxiden handelt es sich eigentlich um Salze, da sie aus in einem Ionengitter angeordneten Metallionen und OH^--Ionen aufgebaut sind. All diesen Metallhydroxiden gemeinsam ist, daß sie die starke Base OH^- enthalten.

Die Metallhydroxide werden so benannt, daß hinter den Namen des beteiligten Metalls das Wort *-hydroxid* gesetzt wird. Bildet ein Element mehrere Hydroxide, so wird nach dem Namen des Metalls seine Wertigkeit in römischen Ziffern eingesetzt:

$NaOH$	Natriumhydroxid	$Fe(OH)_2$	Eisen(II)-hydroxid
$Ba(OH)_2$	Bariumhydroxid	$Fe(OH)_3$	Eisen(III)-hydroxid

Einige weitere anorganische Basen besitzen Trivialnamen:

NH_3 Ammoniak, $H_2N—NH_2$ Hydrazin, $H_2N—OH$ Hydroxylamin

Zu den Basen im BROENSTEDschen Sinn gehören auch alle Anionen, die als zu einer Säure konjugierte Basen aufgefaßt werden können (also z. B. CN^-, CH_3COO^-, CO_3^{2-} usw.). Über ihre Benennung gibt der Abschnitt 19.3 Auskunft.

19.2 *Nomenklatur der Säuren*

Für *sauerstofffreie Säuren* gilt die folgende Regelung:

HCl	Chlorwasserstoff (wäßrige Lösung: Salzsäure)
H_2S	Schwefelwasserstoff
HCN	Cyanwasserstoff, (Blausäure)
HN_3	Stickstoffwasserstoffsäure

Sauerstoffhaltige Säuren

– *Stammsäuren:* Jedes Nichtmetall bildet eine sogenannte Stammsäure. Darin besitzt das Nichtmetallatom im allgemeinen die oxidative Wertigkeit, die der Gruppennummer entspricht, z. B. ist die oxidative Wertigkeit von S in der Stammsäure H_2SO_4 + 6. (Ausnahme: VII. Hauptgruppe, die oxidative Wertigkeit der Halogene in den Stammsäuren ist +5.)

HNO_3	Salpetersäure	H_2SO_4	Schwefelsäure
H_3PO_4	Phosphorsäure	$HClO_3$	Chlorsäure
H_2CO_3	Kohlensäure	$HBrO_3$	Bromsäure

– Säuren der Elemente der VII. Hauptgruppe, die ein Sauerstoffatom mehr enthalten als die Stammsäuren, heissen *Per*säuren. In diesem Fall sind alle Sauerstoffatome direkt an das zentrale Halogenatom gebunden:

$HClO_4$	*Per*chlorsäure	HIO_4	*Per*iodsäure

– Säuren, die ein Sauerstoffatom mehr enthalten als die Stammsäure, wobei aber –O– durch –O–O– ersetzt ist, werden als *Peroxo*säuren bezeichnet:

H_2SO_5	*Peroxo*schwefelsäure	H_3PO_5	*Peroxo*phosphorsäure

– Säuren, die ein Sauerstoffatom weniger aufweisen als die Stammsäure, werden mit der Nachsilbe *-ige* versehen:

HNO_2	salpetr*ige* Säure	H_3PO_3	phosphor*ige* Säure
$HClO_2$	chlor*ige* Säure	H_2SO_3	schwefl*ige* Säure

– Enthält eine Säure zwei Sauerstoffatome weniger als die Stammsäure, so kommt zusätzlich noch die Vorsilbe *hypo-* (oder *unter-*) zum Namen hinzu:

HClO	*hypo*chlor*ige* Säure	H_3PO_2	*Hypo*phosphor*ige* Säure

– Säuren, in denen O durch S ersetzt ist, heißen *Thio*säuren:

$H_2S_2O_3$	*Thio*schwefelsäure

– Die Vorsilben *Ortho-*, *Pyro-* und *Meta-* werden verwendet, um den «Wassergehalt» einer Säure anzudeuten:

H_3PO_4	*Ortho*phosphorsäure
$H_4P_2O_7 = 2H_3PO_4 - H_2O$	*Pyro*phosphorsäure (= *Di*phosphorsäure)
$HPO_3 = H_3PO_4–H_2O$	*Meta*phosphorsäure

– Viele organische Säuren besitzen nur Trivialnamen. In der anorganischen Chemie besonders häufig verwendete organische Säuren sind:

CH_3COOH	Essigsäure
HOOC–COOH	Oxalsäure
HOOC–$(CHOH)_2$–COOH	Weinsäure

19.3 *Nomenklatur der Salze*

Von jeder der oben genannten Säuren können durch Umsetzen mit Basen wie NH_3 oder Metallhydroxiden Salze gebildet werden. Im folgenden werden der Einfachheit halber nur Natriumsalze als Beispiele verwendet[1].

– Für Salze, die sich von sauerstofffreien Säuren ableiten, wird die Endsilbe *-id* verwendet:

NaCl	Natriumchlor*id*	Na_2S	Natriumsulf*id*
NaCN	Natriumcyan*id*	NaN_3	Natriumaz*id*

– Salze, die sich von einer Stammsäure ableiten, werden durch die Endsilbe *-at* gekennzeichent:

$NaClO_3$	Natriumchlor*at*	$NaNO_3$	Natriumnitr*at* (Salpeter)
Na_3PO_4	Natriumphosph*at*	Na_2CO_3	Natriumcarbon*at* (Soda)
Na_2SO_4	Natriumsulf*at*		

Die Endsilbe *-at* wird auch für die Salze organischer Säuren verwendet:

CH_3COONa	Natriumacet*at*
NaOOC–COONa	Natriumoxal*at*
$NaOOC{-}(CHOH)_2{-}COONa$	Natriumtartr*at*

– Salze, die sich von Persäuren ableiten, erhalten zusätzlich die Vorsilbe *per-*:

$NaClO_4$	Natrium*per*chlor*at*	$NaIO_4$	Natrium*per*iod*at*

– Salze, die sich von Peroxosäuren ableiten, werden als *peroxo. . .at* bezeichnet:

Na_2SO_5	Natrium*peroxo*sulf*at*	Na_3PO_5	Natrium*peroxo*phosph*at*

– Salze, die sich von einer . . .igen Säure ableiten lassen, werden mit der Endsilbe *-it* gekennzeichnet:

$NaNO_2$	Natriumnitr*it*	Na_2HPO_3	Natriumphosph*it*
Na_2SO_3	Natriumsulf*it*	$NaClO_2$	Natriumchlor*it*

– Bei Salzen, die sich von einer hypo. . .igen Säure ableiten, wird die Vorsilbe *hypo-* auch in den Namen des Salzes eingeführt:

NaClO	Natrium*hypo*chlor*it*	Na_2HPO_2	Natrium*hypo*phosph*it*

– *Thio*-Salze leiten sich von den Thiosäuren ab:

$Na_2S_2O_3$ Natrium*thio*sulfat (Fixiersalz)

[1] Das Kation NH_4^+, das bei der Verwendung von NH_3 als Base entsteht, heißt Ammoniumion; NH_4Cl heißt demnach Ammoniumchlorid.

– Die Vorsilben *ortho-*, *pyro-* und *meta-* werden in gleicher Weise wie bei den zugehörigen Säuren verwendet:

Na_3PO_4	Natrium*ortho*phosphat	$Na_4P_2O_7$	Natrium*pyro*phosphat
$NaPO_3$	Natrium*meta*phosphat	$Na_2S_2O_7$	Nartium*pyro*sulfat

– Sind in einer Säure nicht sämtliche H^+-Ionen durch Metallionen ersetzt worden (saure Salze), so wird das Wort *-hydrogen-* in den Namen eingeschoben:

$NaHSO_4$	Natrium*hydrogen*sulfat	NaH_2PO_4	Natrium*dihydrogen*phosphat

– Wenn Zweifel über die Wertigkeit eines Metalls in einem Salz möglich sind, so wird die Wertigkeit in römischen Ziffern angegeben:

$FeCl_2$ Eisen(II)-chlorid	$FeCl_3$ Eisen(III)-chlorid

20. Die Elektrolyse

Unter der Elektrolyse versteht man die Zersetzung einer Verbindung durch den elektrischen Strom. Sie kann nur bei Verbindungen angewendet werden, die aus Ionen aufgebaut sind.

Zur Durchführung einer solchen Operation sind bewegliche Ladungsträger notwendig (sonst kann der Strom nicht geleitet werden). Wie früher gezeigt wurde, sind in Metallen frei bewegliche Elektronen vorhanden (Elektronengas), bei Ionenverbindungen hingegen sitzen die positiv und negativ geladenen Ionen an ganz bestimmten Stellen des Gitters fest. Aus diesem Grund leitet ein Kochsalzkristall den elektrischen Strom nicht. Soll eine Ionenverbindung elektrolysiert werden, so muß zuerst dafür gesorgt werden, daß die zur Verfügung stehenden Ladungsträger, die Ionen, frei beweglich sind. Dazu bestehen zwei Möglichkeiten: Die zu elektrolysierende Substanz kann geschmolzen oder gelöst werden. Das ergibt zwei verschiedene Verfahren: die Schmelzelektrolyse und die Elektrolyse von wäßrigen Lösungen.

20.1 *Schmelzelektrolyse von Kochsalz*

Die Schmelzelektrolyse wird dann angewendet, wenn aus einem Metallsalz das reine Metall gewonnen werden soll, besonders wenn dieser Vorgang nicht in einer wäßrigen Lösung durchgeführt werden kann. Da hier bei sehr hohen Temperaturen gearbeitet werden muß, erfordert die Schmelzelektrolyse einen viel größeren apparativen Aufwand als die bei Zimmertemperatur durchführbare Elektrolyse einer wäßrigen Lösung.

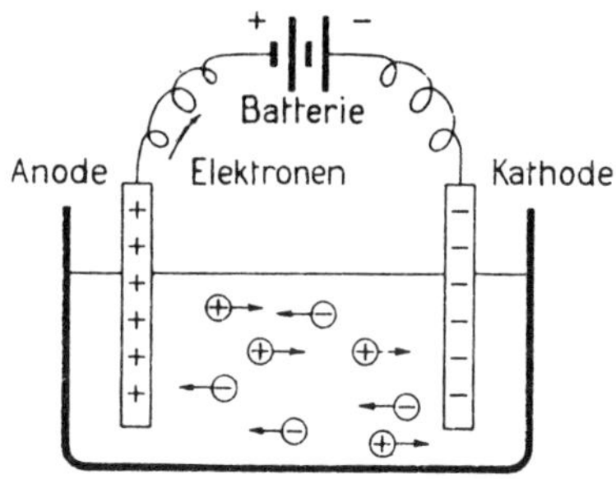

Fig. 12 ⊕ Kation, z. B Na^+
⊖ Anion, z. B. Cl^-

Für die Gewinnung von Natrium aus NaCl muß die Schmelzelektrolyse angewendet werden, da eine Abscheidung von metallischem Natrium aus einer wäßrigen Lösung nicht eintritt (vgl. Kapitel 20.2). Zu diesem Zweck werden ein Eisen- und ein Graphitstab (= Elektroden) in das geschmolzene Kochsalz eingetaucht und mit dem negativen bzw. positiven Pol einer Stromquelle (Batterie, Gleichstrom) verbunden. Wenn der Stromkreis wie in Fig. 12 geschlossen wird, wandern Elektronen von der Elektrode links durch die Batterie in die Elektrode auf der rechten Seite. Daher entsteht links im Graphitstab ein Elektronendefizit, diese Elektrode wird positiv geladen (Anode), während rechts im Eisenstab ein Elektronenüberschuß auftritt (negativ geladen, Kathode). Da entgegengesetzte Ladungen sich anziehen, beginnen nun die Kationen Na^+ gegen die negativ geladene Kathode zu wandern, die Anionen Cl^- werden von der positiv geladenen Anode angezogen (daher die Namen Kation und Anion!). An der Kathode wird das Na^+-Ion entladen, ein Elektron geht von der Kathode auf das Ion über; es entsteht ein Natrium-Atom:

$$Na^+ + \ominus \longrightarrow Na$$

Das Anion Cl^- hingegen gibt seine negative Ladung an der Anode ab; ein Elektron tritt vom Ion auf die Anode über, es entsteht ein Chloratom

$$Cl^- \longrightarrow Cl + \ominus$$

Zählt man die beiden Gleichungen zusammen, so erhält man

$$Na^+ + Cl^- \longrightarrow Na + Cl$$

Dabei handelt es sich um die Umkehrung der Bildungsgleichung von Kochsalz; der Elektronenübergang, der bei der Bildung von NaCl stattgefunden hat, wird rückgängig gemacht (vgl. Kapitel 10.1).

Bei dieser Elektrolyse entsteht also an der Kathode Natrium-Metall, an der Anode Chlorgas.

20.2 *Die Elektrolyse einer wäßrigen Kochsalzlösung*

Der Verlauf dieser Elektrolyse entspricht zunächst dem der Schmelzelektrolyse. Da das Wasser eine hohe Dielektrizitätskonstante aufweist, sind die Anziehungskräfte zwischen den Elektroden und den Ionen in der Lösung sehr gering. Die Ionen gelangen vor allem durch Diffusion zu den Elektroden, wobei Anionen nur an der Anode, Kationen nur an der Kathode entladen werden können. Bei der Betrachtung der Vorgänge an den Elektroden muß hier immer untersucht werden, ob die Anwesenheit des Lösungsmittels Wasser den Verlauf der Elektrolyse irgendwie beeinflußt.

An der Anode ist das hier nicht der Fall, die Cl^--Ionen geben je ein Elektron ab und gehen in Cl_2-Moleküle über:

$$2Cl^- \longrightarrow Cl_{2\,Gas} + 2\ominus$$

Die Kationen Na^+ sind vollständig von Wassermolekülen umgeben. Diese positiv geladenen Partikel $Na^+(H_2O)_n$ sollen nun an der Kathode durch Aufnahme je eines Elektrons entladen werden. Dafür existieren zwei Möglichkeiten:

$$Na^+ + \ominus \longrightarrow Na_{Metall}$$
$$\text{oder } 2H_2O + 2\ominus \longrightarrow H_{2\,Gas} + 2OH^-$$

Es zeigt sich nun, daß die Abscheidung von Wasserstoffgas aus dem Wasser viel weniger Energie benötigt als die Bildung von metallischem Natrium. Daher tritt eine Na-Abscheidung gar nicht ein, die Elektronen werden von der Kathode auf den Wasserstoff der H_2O-Moleküle übertragen. Die Reaktion an der Kathode verläuft also nach:

$$2Na^+ + 2H_2O + 2\ominus \longrightarrow H_{2Gas} + 2Na^+ + 2OH^-$$

Der Verlauf der Elektrolyse einer wäßrigen Kochsalzlösung wird also durch die Gleichung

$$2NaCl + 2H_2O \longrightarrow 2NaOH + H_2 + Cl_2$$

wiedergegeben.

Daß an einer Elektrode anstelle der Entladung der Ionen des gelösten Elektrolyten eine Abscheidung von Wasserstoff oder Sauerstoff aus dem Wasser eintritt, ist eine sehr häufige Erscheinung. Von den beiden möglichen Reaktionen (hier z. B. Abscheidung von Natrium oder Wasserstoff) tritt immer diejenige mit dem tieferen Normalpotential ein (vgl. Kapitel 35).

Zur Illustration soll hier noch die elektrolytische Zerlegung von Wasser in die Elemente kurz beschrieben werden. Sie gelingt mit reinem Wasser nicht, da dieses praktisch keine Ionen enthält. Es müssen also Ladungsträger zugesetzt werden, z. B. etwas Schwefelsäure H_2SO_4, die in wäßriger Lösung in H_3O^+- und SO_4^{2-}-Ionen zerfällt. Diese Lösung leitet nun den Strom und kann elektrolysiert werden:

An der Kathode werden die H_3O^+-Ionen entladen:

$$2H_3O^+ + 2\ominus \longrightarrow H_2 + 2H_2O$$

An der Anode läuft hier nicht die Reaktion

$$SO_4^{2-} \longrightarrow SO_4 + 2\ominus$$

ab, da die Abscheidung von Sauerstoffgas aus dem Wasser nach

$$6H_2O \longrightarrow O_2 + 4H_3O^+ + 4\ominus$$

ähnlich wie im vorher besprochenen Fall weniger Energie erfordert.
Insgesamt wird also das Wasser in H_2 und O_2 zerlegt, die Schwefelsäure bleibt unverändert (die aus der Anodenreaktion anfallenden H_3O^+-Ionen ersetzen fortlaufend die an der Kathode entladenen H_3O^+-Ionen).

Bei den meisten Elektrolysen von wäßrigen Lösungen ist unbedingt darauf zu achten, daß sich die an den Elektroden gebildeten Reaktionsprodukte nicht vermischen können. Im Beispiel der NaCl-Lösung würde sonst die Reaktion

$$2NaOH + Cl_2 \longrightarrow NaOCl + NaCl + H_2O$$

eintreten: Die Elektrolyse würde unter gleichzeitiger Bildung von Natriumhypochlorit (NaOCl) rückgängig gemacht. Man verhindert derartige

unerwünschte Reaktionen, indem man in das Elektrolysiergefäß eine poröse Trennwand (Diaphragma) einführt und damit die Vermischung der NaOH mit dem im Wasser gelösten Cl_2 verunmöglicht, ohne daß der Stromkreis unterbrochen wird.
Es sind jetzt zwei Methoden für die Elektrolyse von NaCl gezeigt worden, die verschiedene Endprodukte lieferten:

Schmelzelektrolyse: $2NaCl \longrightarrow 2Na_{Metall} + Cl_{2\,Gas}$

Elektrolyse der wäßrigen Lösung:

$$2NaCl + 2H_2O \longrightarrow 2NaOH + H_{2\,Gas} + Cl_{2\,Gas}$$

Durch die Wahl der einen oder anderen Methode und Variationen in der Durchführung (Einführung von Trennwänden, Diaphragmen, speziellen Elektroden) ist es also möglich, den Gang der Elektrolyse zu beeinflussen und aus einem Rohmaterial verschiedene Produkte herzustellen. Auf der Anwendung der Elektrolyse beruhen viele großtechnische Fabrikationsverfahren.

Das Massenwirkungsgesetz und seine Anwendungen

21. Grundbegriffe

Die Aufgabe dieses ganzen Abschnittes ist es, chemische Reaktionen, insbesondere Säure-Basen-Reaktionen, quantitativ zu beschreiben. Für die Behandlung dieser Probleme ist es notwendig, zunächst noch einige Größen und Begriffe einzuführen.

21.1 *Mengenangaben*

Die in der Chemie gebräuchlichen Mengenangaben können alle vom Atomgewicht abgeleitet werden:

Das *Atomgewicht* ist eine *Verhältniszahl* und gibt an, wieviel mal schwerer die Atome eines bestimmten Elementes sind als $1/12$ $^{12}_{6}C$-Kohlenstoffatom. Genauer wird diese Grösse als *relatives Atomgewicht* bezeichnet, im Gegensatz zum absoluten Atomgewicht, dem Gewicht eines Atoms in Gramm.

Analog gibt das *Molekulargewicht* an, wievielmal schwerer die Moleküle einer bestimmten Verbindung sind als $1/12$ $^{12}_{6}C$-Kohlenstoffatom. Einfacher ist das Molekulargewicht gleich der Summe der Atomgewichte der im Molekül vorhandenen Atome. Für Ionenverbindungen findet man in der Literatur auch den Ausdruck Formelgewicht.

Beispiele:

H_2SO_4	Molekulargewicht	$= 2 \times 1 + 32 + 4 \times 16 = 98$
CH_3COOH	Molekulargewicht	$= 4 \times 1 + 2 \times 12 + 2 \times 16 = 60$
Fe	Atomgewicht	$= 58{,}5$
$Ca(NO_3)_2$	Formelgewicht	$= 2 \times 14 + 2 \times 16 + 40 = 164$

Die gebräuchlichste Mengenangabe in der Chemie ist das Mol. Die heute gültige Definition findet sich auf S. 43. Ein Mol der Verbindung CO_2 besteht demnach aus N Molekülen CO_2, von denen jedes aus einem Kohlenstoff- und zwei Sauerstoffatomen aufgebaut ist. Ein Mol Kohlendioxid enthält also N C-Atome (= 12 g Kohlenstoff) und 2 N O-Atome (= 2 × 16 g Sauerstoff) und wiegt 44 g. Daraus geht hervor, daß ein Mol einer Verbindung einer Substanzmenge von soviel Gramm entspricht, wie das Molekulargewicht (resp. Atom- oder Formelgewicht) angibt:

1 Mol H_2SO_4	= 98	g Schwefelsäure
1 Mol CH_3COOH	= 60	g Essigsäure
1 Mol Fe	= 58,5	g Eisen
1 Mol $Ca(NO_3)_2$	= 164	g Calcium-nitrat

Zwei weitere Angaben, deren Verwendung von der IUPAC zwar nicht mehr empfohlen wird, die aber in der chemischen Literatur sehr häufig vorkommen, sind das *Äquivalentgewicht* (Verhältniszahl) und das *Val* (Mengenangabe). Deshalb erscheint es sinnvoll, hier auf diese Grössen kurz einzugehen:

1 Val einer Verbindung oder eines Elements ist diejenige Substanzmenge in Gramm, die sich mit 8 g Sauerstoff oder 1,008 g Wasserstoff verbindet, oder diese Sauerstoff- bzw. Wasserstoffmengen chemisch ersetzen kann. Das Äquivalentgewicht ist die dem Val entsprechende Verhältniszahl (also gleicher Zusammenhang wie bei Mol–Molekulargewicht).

Die Bestimmung von Val und Äquivalentgewicht für Säuren, Basen und Salze kann nach

$$\text{Äquivalentgewicht} = \frac{\text{Molekulargewicht}}{\text{Wertigkeit}} \quad \text{und} \quad 1\ \text{Val} = \frac{1\ \text{Mol}}{\text{Wertigkeit}}$$

erfolgen. Für die Festlegung der Wertigkeit, wie sie hier eingesetzt werden soll, genügt eine einfache Faustregel[1]:

Die Wertigkeit entspricht bei
- Säuren der Anzahl der übertragbaren Protonen.
- Basen der Anzahl der Protonen, die angelagert werden können,
- Metallhydroxiden der Anzahl der OH^--Ionen in der Formel,
- Salzen der Anzahl der einwertigen Kationen (ein zwei- oder dreiwertiges Kation zählt als zwei bzw. drei einwertige Kationen).

Beispiele:

1-wertig sind	HCl	NaOH	NaCl	KBr	
2-wertig sind	H_2SO_4	$Ca(OH)_2$	$CaSO_4$	Na_2SO_4	$KHSO_4$
3-wertig sind	H_3PO_4	$Al(OH)_3$	$FePO_4$	$FeCl_3$	

[1] Für die genaue Definition der Wertigkeit vgl. S. 40.

1 Val HCl	= 36,5 g : 1	= 36,5 g	= 1 Mol HCl
1 Val $NaHSO_4$	= 120 g : 2	= 60 g	= 1/2 Mol $NaHSO_4$
1 Val $FeCl_3$	= 162,3 g : 3	= 54,1 g	= 1/3 Mol $FeCl_3$

Beachte: bei 1-wertigen Verbindungen ist 1 Val = 1 Mol.

21.2 *Das Molvolumen*

Das Molvolumen von gasförmigen Stoffen ist nur vom Druck und von der Temperatur, nicht aber von der Art der vorliegenden Substanz abhängig. Schon 1811 stellte AVOGADRO eine wichtige Hypothese auf:

Gleiche Volumina verschiedener Gase enthalten bei gleicher Temperatur und gleichem Druck gleich viele Moleküle.

Umgekehrt kann gesagt werden: Gleiche Anzahlen von verschiedenen Molekülsorten nehmen im gasförmigen Zustand bei gleichen Bedingungen gleiche Volumina ein.

Das Volumen von 1 Mol eines Gases läßt sich leicht aus dem Litergewicht bestimmen. Beispiel Wasserstoff:

1 Liter Wasserstoff H_2 wiegt 0,0899 g (bei 0°C und 760 mm Hg). Welches Volumen nehmen 2,016 g H_2 (= 1 Mol) ein?

$$0{,}0899 : 2{,}016 = 1 \text{ Liter} : x \text{ Liter.}$$
$$x = 2{,}016 : 0{,}0899 = 22{,}425 \text{ Liter.}$$

Sehr ähnliche Resultate erhält man für alle weitern Gase. Tatsächlich gilt:

Das von 1 Mol eines beliebigen Gases eingenommene Volumen beträgt bei Normalbedingungen (0°C und 760 mm Hg[1]) 22,415 Liter.

Die Zahl der Moleküle in einem Mol ist eine Konstante. Sie wird AVOGADRO-Zahl N genannt und hat den Wert $6{,}022 \cdot 10^{23}$.

22,415 Liter (= 1 Mol) eines beliebigen Gases enthalten also $6{,}022 \cdot 10^{23}$ Moleküle. Die Größe N läßt sich mit großer Genauigkeit aus vielen physikalisch-chemischen Untersuchungen (kinetische Gastheorie, Öltropfenversuch u. a.) ermitteln.

[1] Die SI-Einheit für den Druck ist das Pascal (Pa): 760 mm Hg = 101,325 kNm^{-2} = 101,325 kPa.

21.3 *Konzentrationsangaben in der Chemie*

Um eine Lösung genauer beschreiben und experimentell damit arbeiten zu können, ist es nötig, ihre Konzentration zu kennen. In der Chemie werden, da Angaben in g/l oder g/100 ml für die Durchführung stöchiometrischer oder analytischer Berechnungen ungeeignet sind, vor allem die Einheiten Mol/l und Val/l verwendet.

Molare Lösungen: Eine 1M NaCl-Lösung (1-molare Lösung) enthält 1 Mol Kochsalz in 1 Liter Lösung, eine 0,75M Lösung enthält 0,75 Mol Substanz pro Liter.

Ebenfalls gebräuchlich sind die *Normallösungen*. Man gibt hier an, wieviel Val Substanz ein Liter Lösung enthält. In der abgekürzten Schreibweise wird der Buchstabe N verwendet. Eine 2N NaCl-Lösung (2-normale Lösung) enthält also 2 Val/l, eine 0,3N Lösung 0,3 Val/l.

Beachte, daß Lösungen verschiedener, starker Säuren gleicher Normalität die gleiche H_3O^+-Ionenkonzentration aufweisen. Eine 1N HCl-Lösung enthält gleich viele H_3O^+-Ionen wie eine 1N H_2SO_4-Lösung, nämlich je ein Val pro Liter.

Die Angaben in Val/l werden oft bevorzugt, da sie den direkten Vergleich von Säure- und Base-Lösungen ermöglichen. So benötigt man für die Neutralisation von 1 Liter 2N NaOH 2 Val einer beliebigen Säure (also z. B. 2 Liter 1N HCl oder 0,5 Liter 4N H_2SO_4). Aus diesem Grund werden vor allem in der analytischen Chemie, z. B. für Titrationen (vgl. Kapitel 28.2), nach wie vor Normallösungen eingesetzt. Normalität und Normallösungen werden deshalb auch in den nachfolgenden Kapiteln verwendet. Da die Beispiele und Übungen meist einwertige Säuren, Basen und Salze betreffen, ergeben sich daraus keine Schwierigkeiten, da ja in diesem Fall 1 Val = 1 Mol gilt.

21.4 *Abkürzungen und Symbole*

Die zur Vereinfachung der folgenden Ableitungen verwendeten Abkürzungen und Symbole sind:

A, B, C, ... Große Buchstaben bedeuten Teilchensorten wie Atome, Moleküle, Ionen.

a, b, s, w	Kleine Buchstaben werden als Index verwendet, um z. B. Konstanten näher zu bezeichnen. Es bedeuten a Säure (nach dem Englischen *acid*), b Base, s Salz, w Wasser.
[A], [B]	Eckige Klammern bedeuten, daß die Konzentration der eingeklammerten Teilchensorte gemeint ist.
c	Eignet sich die Schreibweise mit eckigen Klammern für die Konzentrationsangabe nicht, so wird ein c mit Index verwendet: c_s = Salzkonzentration.
K	Gleichgewichtskonstante, kann durch Zufügung eines Index genauer bezeichnet werden: K_a = Gleichgewichtskonstante einer schwachen Säure.
p	Ein p bedeutet, daß der negative Zehner-Logarithmus der darauffolgenden Größe zu nehmen ist. Es ist also $\mathrm{p}K = -\log K$.
HA, B	Allgemeine Bezeichnungen für Säuren und Basen.

22. Gleichgewichtsreaktionen. Das Massenwirkungsgesetz

Viele chemische Reaktionen laufen, mindestens scheinbar, eindeutig und vollständig ab. Leitet man z. B. HCl-Gas in Wasser ein, so findet eine Protolyse statt:

$$HCl + H_2O \longrightarrow H_3O^+ + Cl^-. \qquad (1)$$

In der Lösung lassen sich analytisch H_3O^+- und Cl^--Ionen, jedoch keine HCl-Moleküle nachweisen. Bei der Protolyse von Essigsäure CH_3COOH, einem analogen Vorgang, findet man hingegen in der Lösung neben wenig H_3O^+- und CH_3COO^--Ionen vor allem unveränderte Essigsäuremoleküle:

$$CH_3COOH + H_2O \longrightarrow H_3O^+ + CH_3COO^-. \qquad (2)$$

Vergleicht man Lösungen gleicher Konzentration der beiden Säuren, so findet man, daß die Essigsäurelösung viel weniger H_3O^+-Ionen enthält (schwache Säure) als die Salzsäurelösung (starke Säure). Dieser Unter-

schied, der aus den Gleichungen (1) und (2) nicht ersichtlich ist, läßt sich wie folgt erklären:
Eine allgemeine chemische Reaktion

$$A + B \longrightarrow C + D$$

verläuft nie nur in der Pfeilrichtung. In jedem Fall können auch die Produkte C und D miteinander unter Bildung der Ausgangsstoffe A und B reagieren. Es laufen also nebeneinander zwei Reaktionen ab, die als *Hin-* und *Rückreaktion* bezeichnet werden sollen. In Reaktionsgleichungen wird diese Tatsache durch Doppelpfeile $\rightleftarrows$ oder auch $\rightleftharpoons$ dargestellt:

$$A + B \underset{\text{Rückreaktion}}{\overset{\text{Hinreaktion}}{\rightleftarrows}} C + D$$

Wichtig sind nun die Geschwindigkeiten[1] mit denen diese Reaktionen verlaufen. Für v_H, die Geschwindigkeit der Hinreaktion, gilt

$$v_H = k_H\,[A]\,[B]. \tag{3}$$

Die Geschwindigkeit v_H ist abhängig von der Anzahl der Zusammenstöße zwischen Teilchen A und Teilchen B, ohne welche eine Reaktion gar nicht eintreten kann. Die Zahl dieser Zusammenstöße ist direkt proportional zu den Konzentrationen von A und B, was in Gleichung (1) zum Ausdruck kommt. Der Proportionalitätsfaktor k_H ist eine Materialkonstante, die angeben soll, wie viele der Zusammenstöße erfolgreich sind und zur Bildung von C und D führen. k_H ist temperaturabhängig. Mit steigender Temperatur nimmt die kinetische Energie der Teilchen A und B zu, was sowohl die Zahl als auch die Erfolgsquote der Zusammenstöße beeinflußt.

Genau dasselbe gilt für die Geschwindigkeit der Rückreaktion:

$$v_R = k_R\,[C]\,[D]. \tag{4}$$

Sind am Anfang nur A und B vorhanden, so überwiegt die Hinreaktion stark. Allmählich, mit steigendem Anfall von C und D, nimmt aber der

[1] Reaktionsgeschwindigkeiten werden in Mol/Zeiteinheit gemessen.

Umfang der Rückreaktion zu. Die beiden Reaktionen spielen sich nach und nach aufeinander ein, bis schließlich $v_H = v_R$ wird. Nun ist ein *Gleichgewichtszustand* erreicht. Die in diesem Moment vorhandenen Mengenverhältnisse zwischen A, B, C und D bleiben konstant, wenn auf das Gleichgewicht keine Störung von außen einwirkt. Es ist jedoch sehr wichtig hervorzuheben, daß nun nicht Ruhe eingetreten ist; es handelt sich nicht um ein statisches, sondern um ein *dynamisches Gleichgewicht.* In diesem Zustand wird pro Zeiteinheit gleichviel A und B zu C und D umgesetzt wie C und D zu A und B. Beide Reaktionen laufen also weiter, nur heben sie sich in ihrer Auswirkung gegenseitig quantitativ auf.

Aus $v_H = v_R$ folgt nach (3) und (4)

$$k_H [A][B] = k_R [C][D]$$

$$\text{oder} \quad \frac{k_H}{k_R} = \frac{[C][D]}{[A][B]} = K \qquad (5)$$

Damit ist das *Massenwirkungsgesetz* (MWG) abgeleitet: Zu jeder Gleichgewichtsreaktion gehört eine *Gleichgewichtskonstante K*. Sie ist gleich dem Produkt der Konzentrationen der Endprodukte, geteilt durch das Produkt der Konzentrationen der Ausgangsstoffe.

Die beiden oben erwähnten Protolysereaktionen können als Gleichgewichtsreaktionen formuliert werden:

$$HCl + H_2O \rightleftharpoons H_3O^+ + Cl^-$$
$$CH_3COOH + H_2O \rightleftharpoons H_3O^+ + CH_3COO^-$$

Bei der Salzsäure fällt die Rückreaktion nicht ins Gewicht, da HCl eine sehr starke BROENSTED-Säure und daher Cl^- eine sehr schwache BROENSTED-Base ist. Dadurch wird die Konzentration des Ausgangsstoffes HCl im Gleichgewichtszustand sehr klein, diejenige der Produkte H_3O^+ und Cl^- dagegen groß. Berechnet man nun die Gleichgewichtskonstante nach Gleichung (5), so wird, da [HCl] sehr klein ist, K einen großen Wert annehmen. Man kann auch sagen, daß das Gleichgewicht hier vollständig auf der rechten Seite liegt und das in der Reaktionsgleichung durch verschieden große Pfeile andeuten:

$$HCl + H_2O \xrightarrow[\leftarrow]{\qquad} H_3O^+ + Cl^-$$

Bei der Protolyse der Essigsäure kommt es nie so weit, daß die gesamte Essigsäure in H_3O^+- und CH_3COO^--Ionen übergeht. Hier liegt das Gleichgewicht mehr auf der Seite der Essigsäuremoleküle, es findet nur eine teilweise Protolyse statt (daher ist Essigsäure eine schwache Säure):

$$CH_3COOH + H_2O \rightleftarrows H_3O^+ + CH_3COO^-$$

Wendet man nun das MWG, Gleichung (5), auf dieses Protolysegleichgewicht an, so erhält man

$$K = \frac{[H_3O^+][CH_3COO^-]}{[CH_3COOH][H_2O]}$$

Die in dieser Gleichung auftretende Größe $[H_2O]$ ist für verdünnte wäßrige Lösungen konstant: 1 Liter Wasser enthält 1000 : 18 = 55,5 Mol H_2O (1 Mol H_2O = 18 g). Deshalb kann dieser Wert in die Protolysekonstante K_a einbezogen werden[1]:

$$K_a = K[H_2O] = \frac{[H_3O^+][CH_3COO^-]}{[CH_3COOH]}$$

Folgende einfache Regeln sind beim Arbeiten mit dem MWG zu beachten:

- Das MWG gilt nur für verdünnte Lösungen. Sinnvoll kann man es nur auf Vorgänge anwenden, bei denen das Gleichgewicht nicht wie im Fall der Salzsäureprotolyse ganz auf der einen Seite liegt.
- Je kleiner der Wert der Konstanten K_a ist, desto mehr liegt das Gleichgewicht auf der Seite der Ausgangsstoffe. Eine Lösung von Essigsäure ($K_a = 1{,}8 \cdot 10^{-5}$) wird also eine höhere H_3O^+-Ionenkonzentration aufweisen als eine Lösung gleicher Normalität von Blausäure ($K_a = 7{,}2 \cdot 10^{-10}$).[2]
- Für jede Gleichgewichtsreaktion wird das MWG so formuliert, daß im Zähler das Produkt der Konzentrationen der Endprodukte, im Nenner das Produkt der Konzentrationen der Ausgangsstoffe steht.
- Treten in der Reaktionsgleichung von 1 verschiedene Koeffizienten auf, so sind diese im MWG als Exponenten einzusetzen:

$$2A + B \rightleftharpoons A_2B \qquad K = \frac{[A_2B]}{[A]^2[B]}$$

[1] Bei den folgenden Überlegungen wird dieser Schritt nicht mehr ausgeschrieben.
[2] Zur Bestimmung von Protolysekonstanten vgl. Kapitel 30.

Das ist am einfachsten einzusehen, wenn man die Reaktionsgleichung als $A + A + B \rightleftharpoons A_2B$ schreibt und dann das MWG nach der oben angegebenen Bildungsvorschrift aufschreibt:

$$K = \frac{[A_2B]}{[A][A][B]} = \frac{[A_2B]}{[A]^2[B]}$$

– Viele Säuren können mehr als ein Proton abgeben. In diesen Fällen kommt es hintereinander zu mehreren Protolysereaktionen.

Als Beispiel sei hier der Schwefelwasserstoff H_2S erwähnt:

$$H_2S + H_2O \rightleftharpoons H_3O^+ + HS^- \qquad (6)$$

$$HS^- + H_2O \rightleftharpoons H_3O^+ + S^{2-} \qquad (7)$$

$$H_2S + 2H_2O \rightleftharpoons 2H_3O^+ + S^{2-} \qquad (8)$$

Hier kann für jeden Protolyseschritt eine Gleichgewichtskonstante angegeben werden:

$$K_1 = \frac{[H_3O^+][HS^-]}{[H_2S]} \quad (6\,a) \qquad K_2 = \frac{[H_3O^+][S^{2-}]}{[HS^-]} \quad (7\,a)$$

Berechnet man $[HS^-]$ aus (7 a) und setzt diesen Wert in (6 a) ein, so erhält man die Gleichgewichtskonstante für den Gesamtvorgang (8):

$$K_1 = \frac{[H_3O^+][H_3O^+][S^{2-}]}{[H_2S] \cdot K_2} \quad \text{oder} \quad K_1 \cdot K_2 = \frac{[H_3O^+]^2[S^{2-}]}{[H_2S]} = K \qquad (8\,a)$$

Diesen Ausdruck erhält man direkt, wenn man das MWG auf (8) anwendet. Das heißt: Die Gesamtkonstante einer in mehreren Stufen ablaufenden Gleichgewichtsreaktion ist gleich dem Produkt der Gleichgewichtskonstanten der einzelnen Stufen:

$$K = K_1 \cdot K_2 \cdot K_3 \cdot \ldots \cdot K_n$$

Einige Zahlenbeispiele:

H_2S $K_1 = 8{,}4 \cdot 10^{-8}$ $K_2 = 1{,}2 \cdot 10^{-13}$ $K = 1{,}0 \cdot 10^{-20}$

H_3PO_4 $K_1 = 7{,}0 \cdot 10^{-3}$ $K_2 = 7 \cdot 10^{-8}$ $K_3 = 4 \cdot 10^{-13}$ $K = 1{,}96 \cdot 10^{-22}$

Für weitere Zahlenangaben vgl. S. 120.

Die Gleichgewichtskonstanten von zwei aufeinanderfolgenden Protolysestufen schwacher Säuren unterscheiden sich ungefähr um einen Faktor 10^{-5} (Faustregel). Begründung: Das zweite Proton muß aus einem negativ geladenen Teilchen abgespaltet werden, was bedeutend mehr Energie benötigt als die Abspaltung des ersten Protons aus einem elektrisch neutralen Teilchen.

23. Beeinflussung von Gleichgewichten

Ein dynamisches Gleichgewicht, wie es bei chemischen Reaktionen vorliegt, läßt sich leicht durch Außenfaktoren beeinflussen. Das Verhalten der Gleichgewichtsreaktion in diesem Fall wird durch das *Prinzip von* LE CHATELIER, das Prinzip des geringsten Widerstandes, beschrieben:

Übt man auf ein Gleichgewichtssystem einen Zwang aus, so reagiert das System in der Weise, daß sich der Zwang verkleinert.

Es stehen mehrere derartige Zwangsmaßnahmen zur Verfügung:

23.1 *Druckänderungen*

Druckerhöhung, Kompression ist bei Gasreaktionen von Bedeutung, falls mit der Umsetzung eine Volumenänderung verbunden ist. Der Vorgang

$$\underset{22{,}4\,\mathrm{l}}{N_2} + \underset{22{,}4\,\mathrm{l}}{O_2} \rightleftharpoons \underset{2\times 22{,}4\,\mathrm{l}}{2\,NO}$$

(Ein Mol eines Gases hat bei Normalbedingungen ein Volumen von 22,4 l)

läßt sich daher durch Komprimieren nicht beeinflussen. Bei einer Reaktion wie

$$\underset{22{,}4\,\mathrm{l}}{N_2} + \underset{3\times 22{,}4\,\mathrm{l}}{3\,H_2} \rightleftharpoons \underset{2\times 22{,}4\,\mathrm{l}}{2\,NH_3}$$

verschiebt sich hingegen die Lage des Gleichgewichts nach rechts, da das Volumen des Produkts kleiner ist als dasjenige der Ausgangsstoffe. Eine vermehrte Bildung von Ammoniak vermindert das Gesamtvolumen der Reaktionsteilnehmer und führt damit zu einer Druckabnahme. Dadurch weicht das System $N_2/H_2/NH_3$ der von außen wirkenden Kompression aus.

Bei *Expansion* tritt genau das Umgekehrte ein: Die Bildung der Ausgangsstoffe N_2 und H_2 wird bevorzugt, da diese den zur Verfügung stehenden Raum dank ihrem größeren Volumen besser ausfüllen können als das Produkt NH_3.

23.2 *Temperaturänderungen*

Auch Temperaturänderungen haben einen Einfluß auf Gleichgewichtsreaktionen. Bei jeder chemischen Reaktion wird entweder Wärme frei (exotherme Reaktion, $+Q$) oder Wärme verbraucht (endotherme Reaktion, $-Q$). Führt man der *exothermen Reaktion*

$$A + B \rightleftharpoons C + D + Q$$

z. B. $H_2 + S \rightleftharpoons H_2S + 40\,kJ\ (9{,}56\,kcal)$

Wärme zu, so wird die Wärme liefernde Reaktion zurückgedrängt; das Gleichgewicht verschiebt sich nach links. Führt man dagegen durch Abkühlen die Reaktionswärme ab, so wird der Wärme produzierende Vorgang begünstigt, das Gleichgewicht liegt mehr rechts, auf der Seite von H_2S.

Für eine *endotherme Reaktion* wie

$$A + B \rightleftharpoons C + D - Q$$

z. B. $1/2\,Cl_2 + O_2 \rightleftharpoons ClO_2 - 110\,kJ\ (26{,}3\,kcal)$

gilt genau dasselbe mit umgekehrtem Vorzeichen: Bei Erwärmen verschiebt sich das Gleichgewicht nach rechts, bei Abkühlung nach links. Es muß noch hinzugefügt werden, daß jede Gleichgewichtskonstante K von der Temperatur abhängig ist. Wenn man sagt, in der Reaktion $A + B \rightleftharpoons C + D$ verschiebe sich das Gleichgewicht nach rechts, so soll das heißen, daß die Menge von C und D auf Kosten von A und B zunimmt. Infolge eines äußeren Einflusses kann sich das Verhältnis Ausgangsstoffe: Endprodukte z. B. von 3 : 2 nach 2 : 10 verschieben. Beachte aber: Nach wie vor liegt eine Gleichgewichtsreaktion vor, nur haben sich die mengenmäßigen Anteile der Stoffe A, B, C und D am Gleichgewicht $A + B \rightleftharpoons C + D$ verändert.

23.3 *Konzentrationsänderungen*

Als weiteres Mittel zur Beeinflussung von Gleichgewichten stehen Konzentrationsänderungen zur Verfügung. Fängt man aus einer Reaktion $A + B \rightleftharpoons C + D$ die Produkte C und D ab, so daß deren Konzentration stets gering bleibt, so verschiebt sich das Gleichgewicht nach rechts; es wird die Reaktion begünstigt, die ständig C und D nachliefert. Unter der Annahme konstanter Temperatur ist die Gleichgewichtskonstante

$$K = \frac{[C][D]}{[A][B]}$$

unveränderlich. Deshalb kann hier nicht ein einzelner Faktor verändert werden, ohne daß sich auch die andern Faktoren entsprechend vergrößern oder verkleinern.

Macht man also durch Entnahme von C und D deren Konzentrationen kleiner, so wird der Zähler in der zugehörigen MWG-Gleichung kleiner. Damit nun der Wert von K gleich groß bleibt, muß auch der Nenner kleiner werden; auch die Konzentrationen von A und B müssen abnehmen (dies unter Nachbildung von C und D, deren Konzentration durch die Entnahme stark gesunken ist).

Essigsäure liefert in wäßriger Lösung nur wenige H_3O^+-Ionen:

$$CH_3COOH + H_2O \rightleftharpoons H_3O^+ + CH_3COO^-$$

Setzt man dieser Lösung nun eine Base wie OH^- (z. B. in der Form von NaOH) zu, so werden die vorhandenen H_3O^+-Ionen durch die Protolysereaktion

$$H_3O^+ + OH^- \rightleftharpoons 2H_2O \qquad (9)$$

verbraucht. Damit ist das Protolysegleichgewicht der Essigsäure gestört; der Gleichgewichtszustand stellt sich jedoch wieder ein, indem nun weitere Essigsäuremoleküle protolysieren, wodurch die in der Reaktion (9) verbrauchten H_3O^+-Ionen nachgeliefert werden. Das kann so lange weitergehen, bis die Reaktion

$$CH_3COOH + NaOH \longrightarrow CH_3COONa + H_2O$$

vollständig abgelaufen ist und die Lösung keine CH_3COOH-Moleküle mehr enthält.

23.4 *Aktuelle und potentielle H_3O^+-Ionenkonzentration*

Das letzte Beispiel illustriert die Begriffe aktuelle und potentielle H_3O^+-Ionenkonzentration. Dieser Unterschied existiert nur bei schwachen Säuren, die in Wasser nicht vollständig protolysieren (also z. B. bei der Essigsäure). Die aktuelle H_3O^+-Ionenkonzentration gibt an, wie viele H_3O^+-Ionen in der Lösung einer schwachen Säure frei vorliegen. Man kann sie durch pH-Messung, Indikatoren oder Messung der Stromleitfähigkeit der Lösung bestimmen.
Die potentielle H_3O^+-Ionenkonzentration gibt an, wieviel H_3O^+-Ionen man bei geeigneter Behandlung aus der Lösung herausholen kann. Das kann beispielsweise wie oben beschrieben durch Umsetzen mit OH^--Ionen geschehen. Quantitativ kann man die potentielle H_3O^+-Ionenkonzentration durch eine Titration (vgl. Kapitel 28) bestimmen. Eine 0,1N CH_3COOH-Lösung hat eine aktuelle $[H_3O^+]$ von

$$[H_3O^+] = \sqrt{K_a \cdot c_a} = \sqrt{1{,}8 \cdot 10^{-5} \cdot 10^{-1}} = 1{,}34 \cdot 10^{-3} \text{ [nach Gleichung (15)]}$$

und eine potentielle $[H_3O^+]$ von 0,1 (sie kann dasselbe Volumen einer 0,1N NaOH-Lösung neutralisieren).

Starke und schwache Säuren unterscheiden sich also nicht in der potentiellen, sondern nur in der aktuellen H_3O^+-Ionenkonzentration.

24. Die pH-Skala

Um verschiedene Lösungen in bezug auf ihre Säurestärke vergleichen zu können, ist ein Maßsystem nötig. Der Säuregrad oder die Acidität einer Lösung hängt direkt von der Konzentration der H_3O^+-Ionen ab. Je größer die $[H_3O^+]$ ist, um so größer ist auch die Acidität.

Als Maß wird nun nicht $[H_3O^+]$ verwendet, da das sehr unpraktische Zahlenwerte ergeben würde, sondern der *negative Logarithmus*[1] dieser Größe:

$$pH = -\log [H_3O^+]$$

[1] Für alle Berechnungen werden Zehner-Logarithmen verwendet.

Analog zum pH kann auch ein pOH definiert werden:

$$pOH = -\log [OH^-]$$

Es ist jedoch möglich, mit dem pH allein auszukommen, da zwischen der $[H_3O^+]$ und der $[OH^-]$ einer Lösung und damit zwischen dem pH und dem pOH eine einfache Beziehung besteht:

Für die *Autoprotolysereaktion* des Wassers

$$H_2O + H_2O \rightleftharpoons H_3O^+ + OH^-$$

gilt nach dem MWG

$$K = \frac{[H_3O^+]\,[OH^-]}{[H_2O]^2} \qquad (10)$$

$[H_2O]$ ist für reines Wasser konstant (55,5 Mol/l) und kann deshalb in die Gleichgewichtskonstante des Wassers einbezogen werden. Aus (10) wird so

$$[H_3O^+]\,[OH^-] = K \cdot [H_2O]^2 = K_w$$

Der Ausdruck

$$[H_3O^+]\,[OH^-] = K_w = 10^{-14} \qquad (11)$$

wird als *Ionenprodukt des Wassers* bezeichnet. Nach physikalisch-chemischen Messungen hat K_w bei 24°C den Wert 10^{-14}. Da pro zwei H_2O-Moleküle bei der Autoprotolyse je ein H_3O^+- und ein OH^--Ion entstehen, folgt

$$[H_3O^+] = [OH^-] = \sqrt{K_w} = 10^{-7} \qquad (12)$$

In reinem Wasser wird sowohl das pH als auch das pOH den Wert 7 haben ($-\log 10^{-7} = 7$); hier liegt der Neutralpunkt der pH-Skala.

Da das Ionenprodukt des Wassers eine Konstante ist, also $[H_3O^+]\,[OH^-]$ immer 10^{-14} ergeben muß, folgt für die zugehörigen p-Werte:

$$pH + pOH = 14 \qquad (13)$$

In sauren Lösungen ist die $[H_3O^+]$ hoch; daher muß die $[OH^-]$ kleiner als 10^{-7} sein. Der pH-Wert von sauren Lösungen liegt zwischen 0 und 7, derjenige von basischen (= alkalischen) Lösungen zwischen 7 und 14.

Aus Gleichung (13) folgt, daß man für eine wäßrige Lösung deren pH-Wert man kennt, sofort auch den pOH-Wert angeben kann, und umgekehrt. Das ist auch aus der folgenden Tabelle ersichtlich:

pH		pOH
0	1 N starke Säure, z. B. 1 N HCl, $[H_3O^+] = 10^0 = 1$	14
1	0,1 N starke Säure, z. B. 0,1 N HCl, $[H_3O^+] = 10^{-1}$	13
2	0,01 N starke Säure, z. B. 0,01 N HCl, $[H_3O^+] = 10^{-2}$	12
⋮	⋮	⋮
7	Neutralpunkt, reines Wasser, $[H_3O^+] = [OH^-] = 10^{-7}$	7
⋮	⋮	⋮
12	0,01 N starke Base, z. B. 0,01 N NaOH, $[OH^-] = 10^{-2}$, $[H_3O^+] = 10^{-12}$	2
13	0,1 N starke Base, z. B. 0,1 N NaOH, $[OH^-] = 10^{-1}$, $[H_3O^+] = 10^{-13}$	1
14	1 N starke Base, z. B. 1 N NaOH, $[OH^-] = 10^0$, $[H_3O^+] = 10^{-14}$	0
pH		pOH

Die hier und in den folgenden Abschnitten dargestellten Überlegungen gelten nur für verdünnte Lösungen (Konzentrationen $\leqslant$ 1 Val/l).

25. Starke und schwache Elektrolyte

Beim Auflösen von Säuren, Basen oder Salzen in Wasser erhält man durch Protolyse oder den Zerfall von Ionengittern Lösungen, die Ionen enthalten und den elektrischen Strom leiten können. Diese Stoffe werden daher gesamthaft als *Elektrolyte* bezeichnet. Es ist üblich, eine Unterteilung in starke und schwache Elektrolyte vorzunehmen.

Zu den *starken Elektrolyten* gehören:

- starke Säuren, das sind Säuren, deren Protolysegleichgewicht

$$HA + H_2O \rightleftarrows H_3O^+ + A^-$$

  (fast) vollständig auf der rechten Seite liegt.
  Beispiele: HCl, HNO_3, H_2SO_4, $HClO_4$
- sämtliche Salze: Die Ionengitter zerfallen beim Auflösen in Wasser (vgl. Kapitel 16.1). Es ist vor allem zu beachten, daß das auch für schwerlös-

liche Salze wie $BaSO_4$ oder AgCl gilt. Der kleine gelöste Anteil liegt vollständig in der Form von hydratisierten Ionen vor.
Bei den Anionen dieser Salze handelt es sich um BROENSTED-Basen. Beispiele: Cl^-, SO_4^{2-}, CN^-, CO_3^{2-}, PO_4^{3-} und vor allem auch das allen Metallhydroxiden gemeinsame OH^--Ion. (Bei ARRHENIUS war das die einzige Base, vgl. Kapitel 17.1.)

Charakteristisch für die starken Elektrolyte ist, daß in wäßriger Lösung die gesamte gelöste Menge dieser Stoffe in der Form von Ionen vorliegt. Daher weisen diese Lösungen eine hohe elektrische Leitfähigkeit auf. Diese Erscheinung wird oft auch als vollständige *elektrolytische Dissoziation* bezeichnet (Dissoziation = Zerfall einer Verbindung in Ionen).

Zu den *schwachen Elektrolyten* gehören:
- schwache Säuren, das sind Säuren, deren Protolysegleichgewicht mehr oder weniger stark auf der Seite der unveränderten Säure HA liegt:

$$HA + H_2O \rightleftharpoons H_3O^+ + A^-$$

Beispiele: CH_3COOH, H_2CO_3, HF, H_3BO_3.
- schwache Basen, das sind Basen, die in wäßriger Lösung nur eine geringe Tendenz haben, ein Proton anzulagern:

$$B + H_2O \rightleftharpoons BH^+ + OH^-$$

Beispiele: NH_3, H_2N-NH_2, H_2N-OH, organische Amine wie Methylamin, Anilin, Pyridin.

Im Folgenden werden zwei einfache Versuche beschrieben, welche die Unterscheidung zwischen starken und schwachen Elektrolyten ermöglichen. So kann man die elektrische Leitfähigkeit einer Lösung bestimmen, indem man zwei Elektroden eintaucht, diese mit einer Stromquelle verbindet und dann den im Stromkreis fließenden Strom mißt (oder durch Einschalten einer Glühbirne in den Stromkreis sichtbar macht). Bei gleicher Normalität enthalten Lösungen starker Elektrolyte mehr Ladungsträger (Ionen) als Lösungen von schwachen Elektrolyten und weisen deshalb eine höhere Leitfähigkeit für den elektrischen Strom auf. So findet man für verdünnte Lösungen von CH_3COOH und NH_3 geringe Leitfähigkeiten. Vereinigt man aber die beiden Lösungen, so erhält man eine Lösung von $NH_4^+CH_3COO^-$ (Ammoniumacetat), das als Salz zu den starken Elektrolyten gehört, und man kann ein starkes Ansteigen der Leitfähigkeit beobachten.

Setzt man die Lösung eines Salzes einer schwachen Säure, z. B. Natriumacetat $Na^+CH_3COO^-$ mit einer starken Säure, z. B. HCl, um, so enthält die Lösung zunächst folgende Ionen:

$$Na^+ \quad CH_3COO^- \quad H_3O^+ \quad Cl^-$$

Als konjugierte Base einer schwachen Säure ist das CH_3COO^--Ion eine starke BROENSTED-Base und hat ein starkes Bestreben, Protonen anzulagern:

$$CH_3COO^- + H_3O^+ \rightleftarrows CH_3COOH + H_2O$$

Dabei entsteht freie Essigsäure. Im Ganzen läuft die Reaktion

$$CH_3COO^- + Na^+ + H_3O^+ + Cl^- \rightleftarrows CH_3COOH + Na^+ + Cl^- + H_2O$$

ab, man erhält die freie schwache Säure, die nur zu einem geringen Teil protolysiert, und NaCl, das Natriumsalz der starken Säure HCl.

Daraus folgt: *Starke Säuren setzen schwache Säuren aus deren Salzen frei.*

Dasselbe gilt für Basen: Die starke Base OH^- (z. B. als NaOH) setzt aus Ammoniumsalzen (z. B. NH_4Cl) die schwache Base NH_3 frei:

$$NH_4^+ + Cl^- + Na^+ + OH^- \rightleftarrows NH_3 + H_2O + Na^+ + Cl^-$$

26. pH-Berechnung für schwache Säuren und Basen

Das Protolysegleichgewicht einer starken Säure wie HCl

$$HCl + H_2O \rightleftarrows H_3O^+ + Cl^-$$

liegt so stark auf der rechten Seite, daß man den Vorgang praktisch als einfache, vollständig ablaufende Reaktion betrachten kann. Dabei entsteht pro Säuremolekül HCl ein H_3O^+-Ion, die $[H_3O^+]$ entspricht der Konzentration der vorgelegten Säure und der pH-Wert kann direkt berechnet werden:

Eine 0,1N starke Säure, sei es nun HCl, HNO_3 oder H_2SO_4, hat eine $[H_3O^+]$ von 0,1 Val/l. Der pH-Wert ist der negative Zehnerlogarithmus der H_3O^+-Ionenkonzentration:

$$pH = -\log [H_3O^+] = -\log 10^{-1} = -(-1) = \mathit{1}$$

Eine 0,5 N HCl-Lösung hat demnach den pH-Wert

$$pH = -\log 0{,}5 = -\log 5 \cdot 10^{-1} = -(-1 + 0{,}699) = 1 - 0{,}699 = \mathit{0{,}301}$$

Für eine 10^{-3} N NaOH kann zunächst der pOH-Wert angegeben werden:

$$pOH = -\log [OH^-] = -\log 10^{-3} = -(-3) = \mathit{3}$$

Daraus folgt für den pH-Wert nach (13)

$$pH = 14 - pOH = 14 - 3 = \mathit{11}$$

Bei schwachen Säuren enthält die Lösung neben H_3O^+- und A^--Ionen auch unveränderte Säuremoleküle HA. Die zur Berechnung des pH notwendige Größe $[H_3O^+]$, beispielsweise für eine Essigsäurelösung, kann daher nicht direkt aus der $[CH_3COOH]$ abgeleitet werden. Man findet sie jedoch leicht, wenn man das MWG auf das Protolysegleichgewicht der Essigsäure anwendet (K_a[1] für Essigsäure = $1{,}8 \cdot 10^{-5}$).

$$CH_3COOH + H_2O \rightleftharpoons H_3O^+ + CH_3COO^-$$

$$K_a = \frac{[H_3O^+][CH_3COO^-]}{[CH_3COOH]} = 1{,}8 \cdot 10^{-5} \qquad (14)$$

Da pro Molekül Essigsäure, das reagiert, jedesmal je ein H_3O^+- und ein CH_3COO^--Ion entsteht, werden die Konzentrationen dieser beiden Ionensorten in der Lösung gleich groß:

$$[H_3O^+] = [CH_3COO^-]$$

Deshalb kann man in Gleichung (14) $[CH_3COO^-]$ durch $[H_3O^+]$ ersetzen und erhält so eine quadratische Bestimmungsgleichung für $[H_3O^+]$

$$K_a = \frac{[H_3O^+]^2}{[CH_3COOH]}$$

$$[H_3O^+]^2 = K_a \cdot [CH_3COOH]; \qquad [H_3O^+] = \sqrt{K_a \cdot [CH_3COOH]}$$

[1] Da die Protolyse von schwachen Säuren (und Basen), bei der Moleküle in Ionen übergehen, in einem großen Teil der Literatur als *elektrolytische Dissoziation* bezeichnet wird, findet man die Protolysekonstanten in vielen Tabellenwerken unter der Bezeichnung *Dissoziationskonstanten*.

Allgemein formuliert gilt für

$$HA + H_2O \rightleftharpoons H_3O^+ + A^-,$$

daß in der Lösung $[H_3O^+] = [A^-]$ ist. Daraus ergibt sich

$$K_a = \frac{[H_3O^+][A^-]}{[HA]} = \frac{[H_3O^+]^2}{[HA]}$$

und

$$[H_3O^+] = \sqrt{K_a \cdot [HA]} = \sqrt{K_a \cdot c_a} \qquad (15)$$

Obwohl Formel (15) für fast alle Aufgaben des Chemikers genügt, ist sie doch nur eine Näherung. Die Ungenauigkeit besteht darin, daß für die Konzentration der unverändert gebliebenen Säure einfach die Gesamtsäurekonzentration c_a eingesetzt wurde, ohne zu berücksichtigen, daß ein kleiner Teil dieser Säuremenge HA in Form der Protolyseprodukte H_3O^+ und A^- vorliegt. Genauer wäre also für die Konzentration der unveränderten Säure HA der Wert

$$[HA] = c_a - [H_3O^+] = c_a - [A^-]$$

zu verwenden. Durch Einsetzen in die MWG-Gleichung ergibt sich wieder eine quadratische Bestimmungsgleichung für $[H_3O^+]$:

$$K_a = \frac{[H_3O^+][A^-]}{[HA]} = \frac{[H_3O^+][A^-]}{c_a - [H_3O^+]} = \frac{[H_3O^+]^2}{c_a - [H_3O^+]}$$

$$[H_3O^+]^2 = K_a(c_a - [H_3O^+]); \qquad [H_3O^+]^2 + K_a \cdot [H_3O^+] - K_a \cdot c_a = 0$$

$$[H_3O^+] = -\frac{K_a}{2} + \sqrt{\frac{K_a^2}{4} + K_a \cdot c_a} \qquad (16)$$

Die Anwendung dieser genaueren Formel hat nur bei stark verdünnten Lösungen sehr schwacher Säuren einen Sinn. Normalerweise weichen die nach (15) und (16) gewonnenen Werte nur wenig voneinander ab. Das soll am Beispiel einer $^1/_{1000}$N Essigsäurelösung gezeigt werden: $K_a = 1{,}8 \cdot 10^{-5}$.

Nach (15) ist $[H_3O^+] = \sqrt{K_a c_a} = \sqrt{1{,}8 \cdot 10^{-5} \cdot 10^{-3}} = \sqrt{1{,}8 \cdot 10^{-8}} = \mathit{1{,}34} \cdot 10^{-4}$

$$pH = -\log 1{,}34 \cdot 10^{-4} = 4 - 0{,}127 = \mathit{3{,}873}$$

Nach (16) ist $[H_3O^+] = -\frac{1{,}8 \cdot 10^{-5}}{2} + \sqrt{\frac{3{,}24}{4} \cdot 10^{-10} + 1{,}8 \cdot 10^{-5} \cdot 10^{-3}}$

$$[H_3O^+] = -0{,}9 \cdot 10^{-5} + \sqrt{0{,}81 \cdot 10^{-10} + 180 \cdot 10^{-10}}$$

$$= -0{,}9 \cdot 10^{-5} + \sqrt{180{,}81 \cdot 10^{-10}}$$

$$= -0{,}9 \cdot 10^{-5} + 13{,}45 \cdot 10^{-5} = 12{,}55 \cdot 10^{-5}$$

$$[H_3O^+] = \mathit{1{,}255} \cdot 10^{-4}$$

$$\text{pH} = -\log 1{,}255 \cdot 10^{-4} = 4 - 0{,}099 = \mathit{3{,}901}$$

Die Differenz von 0,028 pH-Einheiten ist unbedeutend, bei höheren Werten von c_a wird sie noch geringer.
Genau dieselben Überlegungen führen zu analogen Gleichungen für die Berechnung des pH-Wertes für wäßrige Lösungen von schwachen Basen. In der Protolysereaktion übernimmt die Base B ein Proton vom Wasser, das hier als Säure wirkt:

$$B + H_2O \rightleftharpoons BH^+ + OH^-$$

$$[BH^+] = [OH^-] \qquad K_b = \frac{[BH^+][OH^-]}{[B]} = \frac{[OH^-]^2}{[B]}$$

$$[OH^-]^2 = K_b \cdot [B] \qquad [OH^-] = \sqrt{K_b \cdot [B]} = \sqrt{K_b \cdot c_b} \qquad (17)$$

Es ist zu beachten, daß man hier die OH^--Ionenkonzentration erhält und so zunächst nur den pOH-Wert berechnen kann. Den pH-Wert erhält man aber sofort, da ja pH + pOH = 14 ist.

In der Literatur findet man häufig auch für Basen K_a-Werte. Dabei handelt es sich um die Gleichgewichtskonstante des Vorgangs

$$BH^+ + H_2O \rightleftharpoons B + H_3O^+$$

Der Zusammenhang zwischen K_a und K_b einer schwachen Base ergibt sich aus der folgenden Überlegung:

$$K_a = \frac{[B][H_3O^+]}{[BH^+]} \qquad K_b = \frac{[BH^+][OH^-]}{[B]}$$

$$K_a \cdot K_b = \frac{[B][H_3O^+][BH^+][OH^-]}{[BH^+][B]} = [H_3O^+][OH^-] = K_w$$

Daraus folgt: Das Produkt der zu einer bestimmten schwachen Base (oder Säure) gehörenden Protolysekonstanten K_a und K_b ist gleich $K_w = 10^{-14}$; damit gilt auch $pK_a + pK_b = 14$.

Beispiel: Die Protolysekonstante von Ammoniak NH_3 in wäßriger Lösung ist $K_b = 1{,}75 \cdot 10^{-5}$. Ammoniak reagiert teilweise nach

$$NH_3 + H_2O \rightleftharpoons NH_4^+ + OH^-$$

Ist die Lösung 0,1N, so gilt:

$$[OH^-] = \sqrt{K_b c_b} = \sqrt{1{,}75 \cdot 10^{-5} \cdot 10^{-1}} = \sqrt{1{,}75 \cdot 10^{-6}}$$

$$[OH^-] = 1{,}32 \cdot 10^{-3}, \quad pOH = 3 - 0{,}120 = 2{,}880$$

$$pH \quad = 14 - pOH = \mathit{11{,}120}$$

Übungsbeispiele zur pH-Berechnung befinden sich im Kapitel 32.

27. Protolysegrad und Ostwaldsches Verdünnungsgesetz

Schwache Säuren und Basen werden durch die Protolysekonstante K charakterisiert. Diese Zahlenangabe erlaubt Vergleiche zwischen verschiedenen Säuren oder Basen. Man kann z. B. sagen, daß Essigsäure ($K_a = 1{,}8 \cdot 10^{-5}$) stärker ist als Blausäure HCN ($K_a = 7{,}2 \cdot 10^{-10}$).

Es ist jedoch nicht möglich, anhand der Protolysekonstanten Aussagen über das Ausmaß der Protolyse zu machen, z. B. über den Prozentsatz der Moleküle HA, die nach der Reaktionsgleichung

$$HA + H_2O \rightleftharpoons H_3O^+ + A^-$$

protolysieren. Das gelingt jedoch durch folgende Überlegung: Die Gesamtkonzentration einer schwachen Säure werde mit c bezeichnet. Durch die Protolyse geht ein kleiner Bruchteil α der gesamten Säuremenge in die Ionen H_3O^+ und A^- über:

$$[H_3O^+] = [A^-] = \alpha \cdot c$$

Die Konzentration an unveränderter Säure HA ergibt sich jetzt als Differenz $c - [H_3O^+]$:

$$[HA] = c - [H_3O^+] = c - \alpha \cdot c = c(1 - \alpha)$$

Die nun durch c und α ausgedrückten Größen [HA], $[H_3O^+]$ und $[A^-]$ können in die MWG-Gleichung eingesetzt werden:

$$K = \frac{[H_3O^+][A^-]}{[HA]} = \frac{\alpha^2 \cdot c^2}{c(1-\alpha)} = \frac{\alpha^2 \cdot c}{1-\alpha}$$

$$K = c\frac{\alpha^2}{1-\alpha} \qquad (18)$$

Gleichung (18) läßt sich nach α auflösen. Da α bei schwachen Säuren sehr klein ist, kann man dabei α gegenüber 1 vernachlässigen und den Ausdruck $\alpha^2/1-\alpha$ durch α^2 ersetzen:

$$\frac{K}{c} = \alpha^2 \quad \text{und} \quad \alpha = \sqrt{\frac{K}{c}} \qquad (19)$$

Anschaulichere Werte erhält man, wenn man α mit 100 multipliziert. Man erhält so den Anteil der protolysierten Moleküle in Prozenten.
Für starke Säuren und Basen hat α den Wert 1 (100prozentige Protolyse), je schwächer eine Säure oder Base ist, um so kleiner werden die zugehörigen α-Werte.
Die Gleichungen (18) und (19) gelten sowohl für schwache Säuren als auch für schwache Basen. Aus diesen Beziehungen ist ersichtlich, dass der Protolysegrad außer von der Protolysekonstanten auch noch von der Konzentration der schwachen Säure (Base) abhängt. Das zeigt das folgende Beispiel:

Die Protolysekonstante von Essigsäure ist $1{,}8 \cdot 10^{-5}$. In einer 0,1N Lösung ist der Protolysegrad

$$\alpha = \sqrt{\frac{K_a}{c}} = \sqrt{\frac{1{,}8 \cdot 10^{-5}}{10^{-1}}} = \sqrt{1{,}8 \cdot 10^{-4}} = \mathit{1{,}34 \cdot 10^{-2}}$$

$$\alpha \cdot 100\% = \mathit{1{,}34\%}$$

Von den in einer 0,1N Essigsäurelösung enthaltenen CH_3COOH-Molekülen liegen 1,34% in der Ionenform, 98,66% als unveränderte CH_3COOH-Moleküle vor.

In einer 0,001N Essigsäurelösung ist

$$\alpha = \sqrt{\frac{1{,}8 \cdot 10^{-5}}{10^{-3}}} = \sqrt{1{,}8 \cdot 10^{-2}} = \mathit{1{,}34 \cdot 10^{-1}}$$

Hier ist der Protolysegrad 0,134; 13,4% der vorhandenen Essigsäuremoleküle liegen als H_3O^+- und CH_3COO^--Ionen vor.

Dieses Beispiel illustriert die allgemeingültige Feststellung, daß der Protolysegrad α mit wachsender Verdünnung (abnehmender Konzentration) zunimmt. Der Zusammenhang zwischen K, c und α wird durch (19) gegeben; diese Beziehung ist unter dem Namen *Ostwaldsches Verdünnungsgesetz* bekannt.

28. Indikatoren

Indikatoren sind wichtige Hilfsmittel bei vielen Laboratoriumsarbeiten. Sie können durch eine Farbe einen bestimmten Zustand einer Lösung oder durch einen Farbumschlag den Endpunkt einer Reaktion anzeigen. In diesem Zusammenhang sollen nur die Säure-Basen-Indikatoren behandelt werden.

28.1 *Theorie der Säure-Basen-Indikatoren*

Bei diesen Indikatoren handelt es sich immer um farbige organische Säuren oder Basen, die hier mit H*Ind* bzw. *Ind* bezeichnet werden sollen. Alle Indikator-Säuren und -Basen sind schwache Elektrolyte; die zugehörigen Protolysegleichgewichte sind:

$$\mathrm{H}\mathit{Ind} + \mathrm{H_2O} \rightleftharpoons \mathrm{H_3O^+} + \mathit{Ind}^- \qquad (20)$$

	Indikatorsäure Indikatorfarbe im sauren Milieu		Indikatorfarbe im basischen Milieu
z. B.	Farblos	Phenolphthalein	rot

$$\mathit{Ind} + \mathrm{H_2O} \rightleftharpoons \mathrm{OH^-} + \mathit{Ind}\mathrm{H^+} \qquad (21)$$

	Indikatorbase Indikatorfarbe im basischen Milieu		Indikatorfarbe im sauren Milieu
z. B.	gelb-orange	Methylorange	rot

Aus den Gleichungen (20) und (21) geht hervor, daß sich als Indikatoren alle Stoffe eignen, die nach Aufnahme oder Abgabe eines Protons eine Farbänderung zeigen.

Das Funktionieren eines Indikators läßt sich mit dem Prinzip von LE CHATELIER erklären: Bringt man eine Indikatorsäure H*Ind* in ein saures Milieu (z. B. HCl-Lösung), so wird durch den großen Überschuß an H_3O^+-Ionen in der Lösung die Protolyse des Indikators behindert, das Gleichgewicht (20) wird nach links verschoben. Daher wird der Indikator in sauren Lösungen vorwiegend in der Form H*Ind* vorliegen.

Gibt man jedoch den Indikator H*Ind* in eine alkalische Lösung (z. B. NaOH-Lösung), so vereinigen sich die von der Indikatorsäure stammenden H_3O^+-Ionen mit den in der Lösung enthaltenen OH^--Ionen zu Wasser ($H_3O^+ + OH^- \rightarrow 2\,H_2O$). Das bewirkt, daß in (20) die Teilreaktion $\mathrm{H}\mathit{Ind} + H_2O \rightarrow H_3O^+ + \mathit{Ind}^-$ überwiegt. In diesem Fall liegt der Großteil des Indikators in der Form Ind^- vor.

Auf Gleichung (20) läßt sich das MWG anwenden:

$$\frac{[H_3O^+][Ind^-]}{[HInd]} = K_i \qquad (22)$$

K_i ist die Protolysekonstante der Indikatorsäure. Aus (22) erhält man durch Umformen den Ausdruck

$$\frac{[Ind^-]}{[HInd]} = \frac{[\text{Form mit der alkalischen Farbe}]}{[\text{Form mit der sauren Farbe}]} = \frac{K_i}{[H_3O^+]} \qquad (23)$$

Daraus ist ersichtlich, daß bei jeder beliebigen Wasserstoffionenkonzentration beide Formen des Indikators, sowohl Ind^- als auch H*Ind*, vorhanden sind. Die Anwendung der Indikatoren wird jedoch dadurch erleichtert, daß man nur die Farbe derjenigen Form zu erkennen vermag, die im Überschuß vorhanden ist. Eine Lösung, in der

$$\frac{[Ind^-]}{[HInd]} = \frac{1}{10}$$

ist, sieht gleich aus wie eine Lösung, die den Indikator zu 100% in der Form H*Ind* enthält.

Ist das Verhältnis $\frac{[Ind^-]}{[HInd]}$ gleich 1, so ist der Umschlagspunkt des Indikators erreicht.

Der Wechsel der Indikatorfarben, z. B. von rot nach gelb, findet nicht schlagartig statt, es erfolgt meist ein kurzer Übergang über eine Umschlagsfarbe.
Alle diese Überlegungen lassen sich analog auch für Indikatorbasen ausführen.

28.2 *Anwendung der Indikatoren, Titrationen*

Die einfachste und häufigste Anwendung der Indikatoren besteht darin, daß man den ungefähren pH-Wert einer Lösung bestimmt. Da es dabei meist nicht erwünscht ist, den Indikator in die Lösung zu geben, verwendet man mit dem Indikator imprägnierte Filtrierpapiere (z. B. Lackmuspapier). Bringt man einen Tropfen der zu untersuchenden Lösung auf dieses Papier, so zeigt sich je nach dem pH der Lösung die saure oder die alkalische Farbe des Indikators. Am besten eignen sich für diese einfache Untersuchung Papiere, die mit mehreren Indikatoren gleichzeitig imprägniert worden sind. Diese Universalindikatorpapiere ermöglichen ziemlich genaue pH-Bestimmungen, da sie über einen großen pH-Bereich eine ganze Farbskala zeigen. Mit Hilfe einer Vergleichsskala kann man dann den zu einem bestimmten Farbton gehörenden pH-Wert ermitteln.

In der quantitativen Analyse verwendet man die Indikatoren, um den Endpunkt einer Titration sichtbar zu machen. Mit dieser wichtigen Methode bestimmt man die Menge eines gelösten Stoffes, indem man ihn mit einer abgemessenen Menge eines andern Stoffes reagieren läßt. Den Endpunkt der Reaktion erkennt man am Farbumschlag des Indikators.

Durch eine Säuren-Basen-Titration kann z. B. die Konzentration einer HCl-Lösung bestimmt werden, indem man sie mit einer Basen-Lösung (z. B. NaOH) von bekannter Konzentration umsetzt. Man verfährt dabei so, daß man ein genau bestimmtes Volumen der x N HCl-Lösung vorlegt und das Volumen der NaOH-Lösung mißt, das nötig ist, um die gesamte vorgelegte HCl gerade zu verbrauchen. Der Endpunkt dieser Reaktion wird vom Indikator angezeigt, der in diesem Augenblick seine Farbe wechselt. (Vor dem Endpunkt war ein Überschuß an H_3O^+-Ionen vorhanden, saure Farbe; wird der Endpunkt durch Zugeben von zuviel NaOH überschritten, so tritt die basische Farbe auf.)

Hat man also z. B. gemessen, daß zur Erreichung des Indikator-Umschlagspunkts zu 50 ml einer xN HCl-Lösung 20 ml einer 1N NaOH-Lösung zugegeben werden müssen, so kann man daraus die Konzentration der HCl-Lösung berechnen: Die 20 ml 1N NaOH enthalten 1/50 Val NaOH (1 Liter 1N NaOH enthält 1 Val NaOH). Die 50 ml xN HCl müssen also ebenfalls 1/50 Val HCl enthalten, da nach Zugabe von 1/50 Val NaOH gerade alle HCl verbraucht war:

NaOH	+	HCl	$\longrightarrow$	NaCl	+	H_2O
1/50 Val		1/50 Val		1/50 Val		
1N		xN				
20 ml		50 ml				

Wenn 50 ml Lösung 1/50 Val HCl enthalten, so sind es in einem Liter $20 \cdot 1/50 = 2/5$ Val. Die vorgelegte HCl-Lösung war also 0,4-normal.

In der Praxis werden heute exakte pH-Messungen und Titrationen meist elektrometrisch mit Glaselektroden durchgeführt.

28.3 *Eigenschaften der Indikatoren*

Die nachstehende Tabelle zeigt die Farben und den Umschlagsbereich für einige Indikatoren:

Indikator	Umschlagsbereich pH	Farbe saure	alkalische
Thymolblau	1,2 bis 2,8	rot	gelb
Methylorange	3,1 bis 4,4	rot	gelb-orange
Kongorot	3,0 bis 5,2	blau	rot
Bromkresolgrun	3,8 bis 5,4	gelb	blau
Lackmus	5 bis 8	rot	blau
Neutralrot	6,8 bis 8,0	rot	gelb-braun
Phenolphtalein	8,0 bis 9,2	farblos	rot-violett
Alizaringelb	10,0 bis 12,0	gelb	orange

Die Wirkungsbereiche der Indikatoren, von denen hier nur die gebräuchlichsten angeführt sind, erstrecken sich über die ganze pH-Skala. So läßt sich für jede Aufgabe der geeignete Indikator finden. Das ist speziell für Titrationen wichtig. Am Endpunkt der Titration haben alle Säuremoleküle ihre Protonen auf die basischen Teilchen übertragen; in diesem Moment liegt eine Salzlösung vor. Der pH-Wert von Salzlösungen ist nur dann gleich 7, wenn sowohl die verwendete Säure als auch die Base starke Elektrolyte sind. Das trifft z. B. auf das oben erwähnte Beispiel von NaCl zu. In vielen Fällen ist aber der pH-Wert von Salzlösungen größer oder kleiner als 7. Über seine Berechnung gibt das folgende Kapitel Auskunft. Wichtig ist es nun, in jedem Fall den Indikator so zu wählen, daß der pH-Wert der Salzlösung am Endpunkt der Titration im Umschlagsgebiet des Indikators liegt.

Damit ein Stoff als Indikator verwendet werden kann, muß er einige Bedingungen erfüllen:

- Möglichst kleine Mengen des Indikators müssen einen gut sichtbaren Effekt hervorrufen. Es kommen also nur stark gefärbte Stoffe in Frage.
- Der Farbumschlag des Indikators muß rasch vor sich gehen und gut erkennbar sein, da sonst bei der Titration leicht Fehler entstehen.

29. Der pH-Wert von Salzlösungen

Löst man Salze in Wasser, so zerfällt das Ionengitter, Kationen und Anionen bewegen sich frei in der Lösung. In vielen Fällen passiert nun, abgesehen von der Hydratation der Ionen, nichts mehr. Das gilt allgemein für Salze, die sich von einer starken Säure und einem Metallhydroxid ableiten lassen (also z. B. NaCl). In einem solchen Fall ändert sich auch an den Konzentrationen von H_3O^+ und OH^- gegenüber reinem Wasser nichts, die Lösung ist neutral.

Oft stellt man jedoch fest, daß Salzlösungen einen pH-Wert aufweisen, der von 7 verschieden ist. Um zu begreifen, wie diese Erscheinung zustande kommt, ist es nötig, zu untersuchen, ob die aus dem Ionengitter freigesetzten Ionen in der Lösung Protolysereaktionen eingehen können.
Aus der schwachen Base NH_3 und der starken Säure HCl entsteht das Salz Ammoniumchlorid:

$$NH_3 + HCl \longrightarrow NH_4^+ + Cl^-$$

allgemein $$B + HA \longrightarrow \underbrace{BH^+ + A^-}_{\text{Salz}}$$

Löst man jetzt das Salz NH_4Cl in Wasser, so geschieht folgendes: Die Cl^--Ionen könnten unter Aufnahme eines Protons in HCl übergehen. Da HCl jedoch eine starke Säure ist, die in Wasser vollständig protolysiert, ist die zugehörige konjugierte Base Cl^- eine sehr schwache BROENSTED-Base und vermag nicht anderen Teilchen, z. B. Wassermolekülen, Protonen zu entziehen. Daher reagieren die Cl^--Ionen nicht mehr weiter.

Andrerseits kommt es aber zu einer Reaktion zwischen den NH_4^+-Ionen und dem Wasser. Als konjugierte Säure zur schwachen Base NH_3 ist das Ammoniumion eine ziemlich starke BROENSTED-Säure; nach der Gleichgewichtsreaktion

$$NH_4^+ + H_2O \rightleftharpoons NH_3 + H_3O^+$$

allgemein $$BH^+ + H_2O \rightleftharpoons B + H_3O^+ \qquad (24)$$

werden Protonen auf das Wasser übertragen und die schwache Base B freigesetzt[1]. Bei diesem Vorgang werden damit auch H_3O^+-Ionen frei, es ist also zu erwarten, daß die Lösung mehr oder weniger stark sauer reagieren wird ($pH < 7$). Den pH-Wert dieser Lösung findet man nach folgender Überlegung: Die Gleichgewichtskonstante für die in Gleichung (24) gezeigte Protolyse ist

$$K = \frac{[B]\,[H_3O^+]}{[BH^+]} \qquad (25)$$

Durch Erweitern der rechten Seite von Gleichung (25) mit $[OH^-]$ kommt man zu

$$K = \frac{[B]\,[H_3O^+] \cdot [OH^-]}{[BH^+] \cdot [OH^-]} = \frac{[B]}{[BH^+]\,[OH^-]} \cdot [H_3O^+]\,[OH^-] \qquad (26)$$

Gleichung (26) ist nur eine andere Schreibweise von Gleichung (25). Darin entspricht der Ausdruck $[B]/[BH^+]\,[OH^-]$ dem reziproken Wert der Pro-

[1] Vorgänge dieser Art wurden früher als *Hydrolyse* (Reaktion mit Wasser) bezeichnet. Die korrekte Verwendung dieses Begriffs wird weiter unten im Beispiel 4 gezeigt.

tolysekonstanten der schwachen Base B, K_b; ferner ist $[H_3O^+][OH^-] = K_w$. Für die Gleichung (26) kann also auch geschrieben werden

$$\frac{[B]}{[BH^+][OH^-]} \cdot [H_3O^+][OH^-] = \frac{1}{K_b} \cdot K_w = K \qquad (27)$$

Aus Gleichung (24) ist ersichtlich, daß die Protolyse der BH^+-Ionen gleiche Mengen von B und H_3O^+ liefert. Es gilt daher

$$[B] = [H_3O^+] \qquad (28)$$

Beim Auflösen des Salzes BH^+A^- in Wasser enthält die Lösung die Ionen BH^+ und A^- in gleicher Konzentration:

$$[BH^+] = [A^-] = c_s \qquad (29)$$

Aus (25) erhält man durch Einsetzen von $[H_3O^+]$ für [B] nach (28) und c_s für $[BH^+]$ nach (29) sowie unter Berücksichtigung von (27)

$$K = \frac{[B][H_3O^+]}{[BH^+]} = \frac{[H_3O^+]^2}{c_s} = \frac{K_w}{K_b}$$

$$[H_3O^+]^2 = \frac{K_w}{K_b} \cdot c_s \qquad [H_3O^+] = \sqrt{\frac{K_w}{K_b} \cdot c_s} \qquad (30)$$

Damit kann auch der pH-Wert der Salzlösung angegeben werden.
Die Ableitung für Salze, die sich von einer schwachen Säure ableiten lassen (z. B. Natriumacetat, Salz der Essigsäure) verläuft analog und liefert die Formel

$$[OH^-] = \sqrt{\frac{K_w}{K_a} c_s} \qquad (31)$$

Daraus kann der pOH-Wert und damit auch der pH-Wert bestimmt werden.

Als Faustregel gilt, daß Lösungen von Salzen, die sich von einer starken Säure (schwachen Säure) und einer schwachen Base (starken Base) ableiten lassen, sauer (basisch) sind.

Beispiele:

1. pH einer 0,5N NH_4Cl-Lösung. $K_b = 1{,}75 \cdot 10^{-5}$, $K_w = 10^{-14}$. Das Salz NH_4Cl läßt sich von der starken Säure HCl und der schwachen Base NH_3 ableiten; es gilt also Gleichung (30):

$$[H_3O^+] = \sqrt{\frac{K_W}{K_b} c_s} = \sqrt{\frac{10^{-14}}{1{,}75 \cdot 10^{-5}} 0{,}5} = \sqrt{\frac{0{,}5}{1{,}75} 10^{-9}}$$

$$[H_3O^+] = \sqrt{0{,}286 \cdot 10^{-9}} = \sqrt{2{,}86 \cdot 10^{-10}} = \mathit{1{,}691 \cdot 10^{-5}}$$

$$pH = -\log 1{,}691 \cdot 10^{-5} = 5 - 0{,}29 = \mathit{4{,}71}$$

2. pH einer 0,3N Natriumacetat-Lösung, $K_a = 1{,}8 \cdot 10^{-5}$. Das Salz CH_3COONa läßt sich von der schwachen Säure CH_3COOH und NaOH ableiten. Es ist also Gleichung (31) anzuwenden:

$$[OH^-] = \sqrt{\frac{K_W}{K_a} c_s} = \sqrt{\frac{10^{-14}}{1{,}8 \cdot 10^{-5}} 0{,}3} = \sqrt{\frac{0{,}3}{1{,}8} 10^{-9}}$$

$$[OH^-] = \sqrt{0{,}167 \cdot 10^{-9}} = \sqrt{1{,}67 \cdot 10^{-10}} = \mathit{1{,}292 \cdot 10^{-5}}$$

$$pOH = -\log 1{,}292 \cdot 10^{-5} = 5 - 0{,}11 = 4{,}89$$

$$pH = 14 - 4{,}89 = \mathit{9{,}11}$$

An zwei weiteren Beispielen soll gezeigt werden, daß diese Überlegungen nicht immer genügen, um das Verhalten von Salzlösungen zu erklären. In jedem Fall handelt es sich jedoch um Protolysevorgänge, die für den von 7 abweichenden pH-Wert der Lösungen verantwortlich sind.

3. Eine Lösung von $FeCl_3$ in Wasser reagiert sauer, obschon HCl eine starke Säure und OH^- (hier als $Fe(OH)_3$, schwerlösliches Metallhydroxid) eine starke Base ist. Hier verhält sich das hydratisierte Fe^{3+}-Ion als BROENSTED-Säure. Nach der Protolysereaktion

$$[Fe(H_2O)_6]^{3+} + H_2O \rightleftharpoons [Fe(H_2O)_5OH]^{2+} + H_3O^+$$

werden H_3O^+-Ionen gebildet. Das bedeutet, daß H_2O die stärkere Base ist als das Komplex-Ion $[Fe(H_2O_6)]^{3+}$ und erklärt, weshalb die Lösung sauer reagiert.

4. Löst man $K_2Cr_2O_7$ in Wasser auf, so erhält man eine saure Lösung. Hier läuft zunächst eine Reaktion zwischen den $Cr_2O_7{}^{2-}$-Ionen und dem Wasser ab, die als *Hydrolyse* im korrekten Sinn des Worts bezeichnet werden kann: Ein Molekül oder Ion reagiert mit einem Molekül Wasser in der Weise, daß es in zwei Teile gespaltet wird und jedes der Bruchstükke einen Teil des verbrauchten Wassermoleküls enthält:

$$Cr_2O_7{}^{2-} + H_2O \rightleftharpoons 2\,HCrO_4{}^-.$$

Die nun vorliegenden Ionen $HCrO_4{}^-$ verhalten sich als BROENSTED-Säuren. Die Gleichgewichtsreaktion

$$HCrO_4{}^- + H_2O \rightleftharpoons H_3O^+ + CrO_4{}^{2-}$$

liefert H_3O^+-Ionen, deshalb ist eine wäßrige Lösung von $K_2Cr_2O_7$ leicht sauer.

30. Pufferlösungen

30.1 *Definition, Bestimmung des* pH-*Werts von Pufferlösungen*

Eine Lösung, die fähig ist, einen bestimmten pH-Wert auch bei Zugabe von kleinen Mengen Säure oder Base beizubehalten, wird als Pufferlösung bezeichnet. Sie enthält immer eine schwache Säure (Base) und ein Salz dieser schwachen Säure (Base). Der Acetatpuffer (CH_3COOH/CH_3COONa) und der Ammoniakpuffer (NH_3/NH_4Cl) werden in der analytischen Chemie und für die Durchführung von chemischen Reaktionen bei konstantem pH viel verwendet. Komplexere Puffersysteme (z. B. Citratpuffer, Phosphatpuffer) werden bei biochemischen Arbeiten eingesetzt.

Den pH-Wert einer solchen Lösung erhält man wie folgt: Die Protolysekonstante einer schwachen Säure HA ist

$$K_a = \frac{[H_3O^+][A^-]}{[HA]}$$

daraus folgt für die Konzentration der H_3O^+-Ionen

$$[H_3O^+] = K_a \frac{[HA]}{[A^-]} \tag{32}$$

Die beiden Größen [HA] und $[A^-]$ können durch die vorgegebenen Säure- und Salzkonzentrationen ersetzt werden, wenn man zwei geringfügige Vernachlässigungen in Kauf nimmt:

Die Protolyse der schwachen Säure kann praktisch vernachlässigt werden, da der große Überschuß an A^--Ionen (aus dem zugesetzten Salz) die an sich schon unbedeutende Protolyse noch weiter zurückdrängt (LE CHATELIER). Man setzt also für die Konzentration der in unveränderter Form vorliegenden Säure die totale Säurekonzentration c_a ein.

Die $[A^-]$ entspricht der Salzkonzentration c_s. Der geringe, aus der Protolyse der schwachen Säure stammende Teil der A^--Ionen wird dabei vernachlässigt.
Gleichung (32) wird damit zur *Puffergleichung:*

$$[H_3O^+] = K_a \cdot \frac{c_a}{c_s} \tag{33}$$

Analoge Überlegungen ergeben für basische Pufferlösungen (schwache Base und zugehöriges Salz):

$$[OH^-] = K_b \cdot \frac{c_b}{c_s} \qquad (34)$$

30.2 *Bestimmung von Protolysekonstanten*

Pufferlösungen, bei denen $c_a = c_s$ (bzw. $c_b = c_s$) ist, nennt man *äquimolare Pufferlösungen.* Wie aus Gleichung (33) leicht ersichtlich ist, kann anhand einer Lösung dieser Art durch eine einfache Messung von $[H_3O^+]$ (pH-Messung) die Protolysekonstante K einer schwachen Säure oder Base ermittelt werden, da hier ja c_a/c_s (bzw. c_b/c_s) gleich 1 ist. Somit wird nach (33) bzw. (34) direkt

$$[H_3O^+] = K_a \quad \text{und} \quad [OH^-] = K_b.$$

Eine Pufferlösung ist auf Verdünnung innerhalb weiter Grenzen unempfindlich, weil dabei am Verhältnis c_a/c_s nichts geändert wird.

30.3 *Wirkungsweise von Pufferlösungen*

Wie funktioniert nun eine Pufferlösung? Als Beispiel soll der Acetatpuffer dienen: $CH_3COOH + CH_3COONa$. Gibt man etwas Base, z. B. OH^- als NaOH zu dieser Pufferlösung, so wird nach

$$NaOH + CH_3COOH \rightarrow CH_3COONa + H_2O \qquad (35)$$

Natriumacetat gebildet.
Es steigt somit die Salzkonzentration c_s auf Kosten von c_a, was aus Gleichung (35) leicht ersichtlich ist.

Auf Zugabe von etwas HCl zur Pufferlösung steigt die $[H_3O^+]$ an. Das bewirkt, daß sich das Gleichgewicht

$$CH_3COOH + H_2O \rightleftharpoons H_3O^+ + CH_3COO^- \qquad (36)$$

etwas auf die linke Seite verschiebt (LE CHATELIER!). Es resultiert die Reaktion

$$CH_3COONa + HCl \rightarrow CH_3COOH + NaCl \qquad (37)$$

Hier steigt somit die Säurekonzentration c_a auf Kosten von c_s; es geschieht genau das Umgekehrte wie im vorher betrachteten Fall.

Bei einer Beanspruchung der Pufferlösung werden also die Größen c_a und c_s (bzw. c_b und c_s) verändert; c_a wird etwas größer c_s etwas kleiner, oder umgekehrt. Da diese beiden Größen in den Puffergleichungen (33) und (34) als Verhältnis auftreten, kommt es nur zu einer geringen pH-Änderung. Das soll das folgende Beispiel zeigen:

Gegeben sei ein äquimolarer Acetatpuffer: $c_a = c_s = 0{,}1$ (herzustellen durch Auflösen von je 0,1 Val CH_3COOH und CH_3COONa in 1 Liter Wasser). Den pH-Wert erhält man nach Gleichung (33):

$$[H_3O^+] = \frac{c_a}{c_s} K_a = \frac{0{,}1}{0{,}1} 1{,}8 \cdot 10^{-5} = \mathit{1{,}8 \cdot 10^{-5}}$$

$$pH = -\log 1{,}8 \cdot 10^{-5} = 5 - 0{,}26 = \mathit{4{,}74}$$

Gibt man nun zu einem Liter dieser Pufferlösung 10 ml einer 0,1N NaOH, so werden dadurch 10 ml Essigsäure (die ja auch 0,1N ist) verbraucht. Da 10 ml einer 0,1N NaOH-Lösung 1/1000 Val NaOH enthalten, wird 1/1000 Val Säure umgesetzt, wodurch 1/1000 Val Salz entsteht. So wird $c_a = 0{,}1 - 0{,}001 = 0{,}099$ und $c_s = 0{,}1 + 0{,}001 = 0{,}101$.

Für den pH-Wert findet man nun:

$$[H_3O^+] = \frac{0{,}099}{0{,}101} 1{,}8 \cdot 10^{-5} = 0{,}98 \cdot 1{,}8 \cdot 10^{-5} = \mathit{1{,}76 \cdot 10^{-5}}$$

$$pH = -\log 1{,}76 \cdot 10^{-5} = 5 - 0{,}25 = \mathit{4{,}75}$$

Diese NaOH-Zugabe bewirkte also ein pH-Änderung von nur 1/100 pH-Einheit.
Hätte man zum Vergleich die Menge von 10 ml 0,1N NaOH in 1 Liter Wasser vom pH 7 gegeben, so hätte sich ein pH von 11 ergeben ($c_b = 10^{-3}$, pOH = 3). Hier wäre also ein pH-Sprung von vollen 4 pH-Einheiten erfolgt. Damit ist wohl die Wirkung eines Puffersystems eindrücklich demonstriert.

Am besten funktionieren in den meisten Fällen äquimolare Pufferlösungen. Eine Wirksamkeit ist theoretisch solange möglich, bis entweder nach (35) alle Essigsäure zu Natriumacetat umgesetzt ist oder bis nach (37) alles Natrium-acetat mit Säure reagiert hat. Ist eine dieser Grenzen erreicht, so ist der Puffer *erschöpft*. Die Pufferwirkung ist in der Mitte des Wirkungsbereichs am größten, also dann, wenn die Pufferlösung noch nicht beansprucht worden ist. In den Randgebieten nimmt sie rasch ab.

Übungsbeispiele über Pufferlösungen befinden sich im Kapitel 32.

31. Das Löslichkeitsprodukt

Viele Salze lösen sich in Wasser schlecht. Von diesen Verbindungen wie AgCl, $BaSO_4$, $CaCO_3$ usw. gehen nur sehr geringe Mengen in Lösung, der größte Teil der Substanz bleibt als Bodenkörper (= Niederschlag) auf dem Boden des Gefäßes zurück.

Bei allen bis jetzt betrachteten Problemen ging es um Lösungen; es handelte sich um homogene Systeme. Löst man jedoch eine schwerlösliche Verbindung z. B. Silberchlorid AgCl, in Wasser auf, so entsteht ein *heterogenes System,* das eine flüssige Phase (mit AgCl gesättigte Lösung) und eine feste Phase (Bodenkörper aus ungelöstem AgCl) umfaßt (vgl. Fig. 13).

Da zwischen dem Bodenkörper und der gesättigten Lösung eines schwerlöslichen Salzes BA ein Gleichgewicht besteht, liegt hier eine heterogene Gleichgewichtsreaktion vor. Die Anwendung des MWG ist auch hier möglich. Beachte, daß der gelöste Anteil des schwerlöslichen Salzes vollständig in Form von freien Ionen vorliegt.

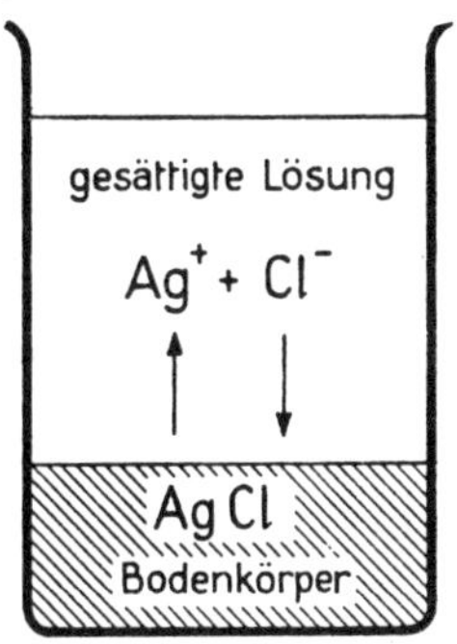

Fig. 13

Auch für das heterogene Gleichgewicht

$$\begin{array}{lrcl} & \text{Bodenkörper} & \rightleftharpoons & \text{Ionen in Lösung} \\ & BA & \rightleftharpoons & B^+ + A^- \\ \text{z. B.} & AgCl & \rightleftharpoons & Ag^+ + Cl^- \end{array} \qquad (38)$$

gilt im Gleichgewichtszustand $v_H = v_R$, d. h. pro Zeiteinheit geht gleich viel Substanz BA in Lösung wie aus der Lösung als BA in den Bodenkörper übertritt. Auf Gleichung (38) läßt sich das MWG anwenden:

$$\frac{[B^+][A^-]}{[BA]} = K \qquad (39)$$

Der Umfang des Bodenkörpers hat keinen Einfluß auf das Gleichgewicht $BA \rightleftharpoons B^+ + A^-$. Es spielt keine Rolle, ob sich auf dem Boden des Gefäßes in Fig. 13 0,1 oder 25 Gramm ungelöstes AgCl befinden. Bei allen heterogenen Gleichgewichtssystemen wird die Konzentration der ungelösten Substanz im Bodenkörper als Konstante in die MWG-Gleichung eingesetzt. Daher wird aus (39)

$$[B^+][A^-] = K[BA] = L \tag{40}$$

Das Ionenprodukt $[B^+][A^-]$ wird als *Löslichkeitsprodukt L* bezeichnet. Es ist üblich, die Formel des schwerlöslichen Salzes, zu dem der L-Wert gehört, als Index zum Buchstaben L zu setzen:

$$[B^+][A^-] = L_{BA}, \quad \text{z. B. } [Ag^+][Cl^-] = L_{AgCl}$$

Für jede Lösung, die ein schwerlösliches Salz BA enthält, können die folgenden drei Fälle eintreten:

$[B^+][A^-] < L_{BA}$	Die ganze vorliegende Menge des Salzes BA ist gelöst, die Lösung ist ungesättigt.
$[B^+][A^-] = L_{BA}$	Die Lösung ist gesättigt. Jede Zugabe von B^+- oder A^--Ionen hat den Beginn der Niederschlagsbildung zur Folge. Beachte, daß hier $[B^+]=[A^-]$ sein kann, aber nicht sein muß.
$[B^+][A^-] > L_{BA}$	Das Löslichkeitsprodukt ist überschritten worden. Es fällt solange ein Niederschlag von BA aus, bis das Ionenprodukt $[B^+][A^-]$ wieder gleich L_{BA} ist.

Beispiel: Das Löslichkeitsprodukt von AgCl ist 10^{-10}. Gibt man zu einer Lösung mit einer $[Ag^+]$ von 10^{-4} Chlorionen zu, so entsteht bei einer $[Cl^-]$ von 10^{-6} eine mit AgCl gesättigte Lösung:

$$[Ag^+][Cl^-] = 10^{-4} \cdot 10^{-6} = 10^{-10} = L_{AgCl}$$

Übersteigt die Cl^--Ionenkonzentration den Wert 10^{-6}, so wird das Löslichkeitsprodukt von AgCl überschritten; die Ausfällung von Silberchlorid beginnt. Sorgt man z. B. dafür, daß die $[Cl^-] = 10^{-2}$ wird, so muß solange ein Niederschlag von AgCl ausfallen, bis $[Ag^+] = 10^{-8}$ ist. Dann liegt ein System vor, das aus einer gesättigten Lösung mit

$$[Ag^+][Cl^-] = 10^{-8} \cdot 10^{-2} = 10^{-10} = L_{AgCl}$$

und aus einem Niederschlag von AgCl besteht.

Bei der Anwendung des Löslichkeitsprodukts sollen folgende Punkte beachtet werden:

- Das Löslichkeitsprodukt gilt für alle schwerlöslichen Verbindungen. Neben schwerlöslichen Salzen gibt es auch schwerlösliche Säuren und Basen.
- Bei Salzen vom Typus B_xA_y gilt

$$B_xA_y \rightleftharpoons x\,B^+ + y\,A^- \qquad L_{B_xA_y} = [B^+]^x\,[A^-]^y$$

$$\text{z. B. } PbCl_2 \rightleftharpoons Pb^{2+} + 2\,Cl^- \qquad L_{PbCl_2} = [Pb^{2+}]\,[Cl^-]^2$$

- Ein Niederschlag kann sich nur dann bilden, wenn das Löslichkeitsprodukt überschritten wird ($[B^+]\,[A^-] > L_{BA}$).
- Auch hier gilt das Prinzip von LE CHATELIER: Werden einer gesättigten Lösung von AgCl Ag^+- oder Cl^--Ionen zugesetzt, so fällt solange AgCl aus, bis $[Ag^+]\,[Cl^-]$ wieder den Wert L_{AgCl} erreicht hat.

Verkleinert man die Konzentrationen der Ag^+- und der Cl^--Ionen, z. B. indem man die gesättigte Lösung verdünnt, so geht vom Bodenkörper so viel AgCl in Lösung, bis diese wieder gesättigt ist und wiederum $[Ag^+]\,[Cl^-] = 10^{-10}$ ist.

Verbindung	L	Verbindung	L
AgCl	$1{,}1 \cdot 10^{-10}$	CuS	$1 \cdot 10^{-44}$
AgBr	$7{,}7 \cdot 10^{-13}$	$Fe(OH)_3$	$3{,}8 \cdot 10^{-38}$
AgI	$9 \cdot 10^{-17}$	FeS	$4{,}0 \cdot 10^{-19}$
Ag_2CrO_4	$2{,}4 \cdot 10^{-12}$	HgS	$4 \cdot 10^{-54}$
$BaCO_3$	$8{,}1 \cdot 10^{-9}$	$MgCO_3$	$1{,}0 \cdot 10^{-5}$
BaC_2O_4	$1{,}7 \cdot 10^{-7}$	MgC_2O_4	$8{,}6 \cdot 10^{-5}$
$BaSO_4$	$9{,}2 \cdot 10^{-11}$	$Mg(NH_4)PO_4$	$2{,}5 \cdot 10^{-13}$
$CaCO_3$	$4{,}8 \cdot 10^{-8}$	$Mg(OH)_2$	$3{,}4 \cdot 10^{-11}$
CaC_2O_4	$2{,}6 \cdot 10^{-9}$	NiS	$1{,}4 \cdot 10^{-24}$
CaF_2	$3{,}2 \cdot 10^{-11}$	$PbCl_2$	$2{,}4 \cdot 10^{-4}$
$CaSO_4$	$2{,}3 \cdot 10^{-4}$	PbS	$5 \cdot 10^{-29}$
CdS	$1{,}4 \cdot 10^{-28}$	$PbSO_4$	$2{,}2 \cdot 10^{-8}$
CoS	$3 \cdot 10^{-26}$	ZnS	$1 \cdot 10^{-23}$

Die schwerlöslichen Salze sind in der Analytik von großer Bedeutung. Der ganze Trennungsgang in der qualitativen Analyse beruht darauf, daß man die verschiedenen Elemente durch Bildung von schwerlöslichen Salzen mit verschiedenen Reagenzien voneinander trennt. In der quantitativen

Analyse wird eine Substanzmenge oft so bestimmt, daß man sie in ein schwerlösliches Salz überführt, dieses trocknet und dann wägt. Hat man z. B. Silber mit Kochsalz als AgCl ausgefällt, so kann man aus dem Gewicht des AgCl-Niederschlages die darin enthaltene Silbermenge berechnen.

Die Tabelle (S. 119) gibt die *L*-Werte für einige häufig verwendete schwerlösliche Verbindungen an.

32. Übungsbeispiele (Lösungen vgl. S. 155)

Für die Lösung der folgenden Aufgaben ist es nötig, die Protolysekonstanten[1] für einige schwache Säuren und Basen zu kennen. Die hier angeführten Zahlenwerte gelten bei 25°C.

Schwache Säuren:

Kohlensäure	H_2CO_3	$K_1 = 3{,}5 \cdot 10^{-7}$
		$K_2 = 5 \cdot 10^{-11}$
Phosphorsäure	H_3PO_4	$K_1 = 7{,}0 \cdot 10^{-3}$
		$K_2 = 7 \cdot 10^{-8}$
		$K_3 = 4 \cdot 10^{-13}$
Schwefelsäure	H_2SO_4	$K_2 = 1{,}2 \cdot 10^{-2}$ [2]
Schweflige Säure	H_2SO_3	$K_1 = 1{,}7 \cdot 10^{-2}$
		$K_2 = 6{,}2 \cdot 10^{-8}$
Schwefelwasserstoff	H_2S	$K_1 = 8{,}4 \cdot 10^{-8}$
		$K_2 = 1{,}2 \cdot 10^{-13}$
Fluorwasserstoff	HF	$K = 1{,}7 \cdot 10^{-5}$
Essigsäure	CH_3COOH	$K = 1{,}8 \cdot 10^{-5}$
Oxalsäure	HOOC-COOH	$K_1 = 6{,}5 \cdot 10^{-2}$
		$K_2 = 6{,}1 \cdot 10^{-5}$
Blausäure	HCN	$K = 7{,}2 \cdot 10^{-10}$

Schwache Basen (K_b-Werte):

Ammoniak	NH_3	$K = 1{,}75 \cdot 10^{-5}$
Anilin	$C_6H_5NH_2$	$K = 5{,}0 \cdot 10^{-10}$

[1] In den meisten Tabellenwerken erscheinen die Protolysekonstanten unter dem Namen *Dissoziationskonstanten* (vgl. Anmerkung Seite 102).

[2] Erste Stufe stark.

pH-*Berechnungen für Lösungen von starken Säuren und Basen*

1. Berechne die $[H_3O^+]$ bzw. $[OH^-]$ und den pH-Wert für folgende Lösungen:

   a) 0,01N HCl
   b) 0,1N NaOH
   c) 0,56N HNO_3
   d) $3 \cdot 10^{-4}$N KOH

2. Zu 1 Liter Wasser gibt man 2 ml einer 2N HCl. Berechne den pH-Wert der Lösung (unter Vernachlässigung der Volumenzunahme).

3. 3 ml einer 0,85N NaOH-Lösung werden zu 1 Liter Wasser gegeben. Berechne den pH-Wert (unter Vernachlässigung der Volumenzunahme).

4. 50 ml einer 2N HCl-Lösung werden mit 70 ml Wasser verdünnt. Berechne die Normalität und den pH-Wert der entstandenen Lösung.

5. Zu 100 ml Wasser gibt man 10 ml einer 0,5N NaOH-Lösung. Berechne die Normalität und den pH-Wert der entstandenen Lösung, a) ohne, b) mit Berücksichtigung der Volumenzunahme.

6. Zu 560 ml Wasser gibt man einen Tropfen (= 0,05 ml) konzentrierte HCl (12,5N). Berechne den pH-Wert der Lösung.

7. Wieviel ml der untenstehenden Lösungen muß man zu 1 Liter Wasser geben (pH des Wassers = 7), um die verlangten pH-Werte zu erreichen?

   a) 0,1N NaOH, pH 9
   b) 0,1N HCl, pH 4
   c) 2N KOH, pH 10,5

8. Die Dichte von konzentrierter Salzsäure HCl ist 1,19 g/cm^3. Diese Lösung ist 38prozentig. Berechne ihre Normalität.

pH-*Berechnungen für Lösungen von schwachen Säuren und Basen*

9. Berechne die $[H_3O^+]$ bzw. $[OH^-]$ und den pH-Wert für folgende Lösungen:

   a) 0,1N Essigsäure
   b) 1N Ammoniak
   c) 0,05N Essigsäure
   d) 0,3N Ammoniak
   e) 0,6N Blausäure
   f) $5 \cdot 10^{-3}$N Fluorwasserstoff

10. Wasser enthält, wenn es mit Luft in Berührung steht, gelöstes CO_2 in Form von Kohlensäure H_2CO_3. Die H_2CO_3-Konzentration wird dabei $1{,}35 \cdot 10^{-5}$N. pH-Wert? Für diese Berechnung ist nur K_1 der Kohlensäure zu berücksichtigen, die zweite Protolysestufe kann vernachlässigt werden. Diese Aufgabe zeigt, daß der pH-Wert von destilliertem Wasser, das mit Luft in Berührung steht, nicht 7 ist. Anmerkung: Verwende hier Formel (16)!

11. Berechne den pH-Wert einer 0,04N Essigsäurelösung einmal nach Formel (15) und einmal nach Formel (16).

12. Berechne den Protolysegrad für
a) 0,3N, b) $3 \cdot 10^{-4}$N Lösungen von Ammoniak in Wasser (Formeln (18) und (19) anwenden!)
Die Anwendung von Formel (18) ist hier angezeigt, da $\alpha \approx 0{,}2$ gegen 1 nicht mehr vernachlässigt werden sollte. Das Beispiel zeigt aber, daß die vereinfachte Formel (19) auch in derartigen Fällen noch recht brauchbare Resultate liefert.

13. Berechne die Essigsäurekonzentration, bei der 50% der CH_3COOH-Moleküle protolysiert sind ($\alpha = 1/2$) nach Formel (18).

pH-*Berechnungen für Salzlösungen*

14. Formuliere die Vorgänge beim Auflösen der folgenden Salze in Wasser:

a) $CuSO_4$	b) Na_2CO_3	c) KCl	d) $Pb(NO_3)_2$
e) $AlCl_3$	f) K_2SO_3	g) CH_3COOK	h) $NaNO_3$

Welche Salze ergeben saure, welche basische Lösungen? (Begründen!)

15. Berechne den pH-Wert für folgende Salzlösungen:

a) 0,3N NH_4Cl	b) 0,5N KCN
c) 0,08N CH_3COONa	d) 0,25N NaF

Pufferlösungen

16. Berechne den pH-Wert von Pufferlösungen, die

a) 0,1 Val NH_3 und 0,01 Val NH_4Cl,
b) 0,1 Val NH_3 und 0,1 Val NH_4Cl pro Liter Lösung enthalten.

17. Berechne den pH-Wert von Pufferlösungen, die

a) 0,05 Val Essigsäure und 0,005 Val Na-acetat,
b) 0,005 Val Essigsäure und 0,5 Val Na-acetat pro Liter Lösung enthalten.

18. Gegeben sei ein äquimolarer Acetatpuffer mit $c_a = c_s = 0{,}1$. Zu einem Liter dieser Lösung gibt man 3 ml 1N NaOH-Lösung.

a) Berechne die pH-Änderung, die dadurch in der Lösung entsteht.
b) Wie groß wäre die pH-Änderung, wenn man die 3 ml 1N NaOH-Lösung zu 1 Liter Wasser vom pH 7 gegeben hätte? (Volumenzunahme vernachlässigen!)

19. Wieviel Gramm Natrium-acetat muß man zu 0,5 Liter einer 0,5N Essigsäurelösung geben, damit eine Pufferlösung vom pH 5 entsteht?

Löslichkeitsprodukt

Anmerkung: In gesättigten Lösungen von schwerlöslichen Salzen BA ist $[B^+][A^-] = L_{BA}$. Für gesättigte Lösungen gilt, falls keine weiteren Salze zugesetzt wurden, $[B^+] = [A^-] = c_{BA}$ (c_{BA} = Konzentration des gelösten Salzes) und daher

$$[B^+][A^-] = c_{BA}{}^2 = L_{BA} \quad \text{und} \quad c_{BA} = \sqrt{L_{BA}}$$

20. Das Löslichkeitsprodukt von AgCl ist bei Zimmertemperatur $1{,}1 \cdot 10^{-10}$. Wieviel Mol AgCl sind in einem Liter Wasser löslich?

21. Bei 100°C lösen sich 21,1 mg AgCl in Wasser. Berechne L_{AgCl} für die Temperatur 100°C (die 21,1 mg AgCl sind zuerst in Mole umzurechnen).

22. Die Konzentration der Mg^{2+}-Ionen in einer $MgCl_2$-Lösung sei $6 \cdot 10^{-3}$. Wie groß muß die $[OH^-]$ durch Zugeben von NaOH gemacht werden, damit die Lösung gerade mit $Mg(OH)_2$ gesättigt ist? Wieviel ml 0,3N NaOH werden dazu benötigt, wenn 1 Liter der $MgCl_2$-Lösung vorliegt? $L_{Mg(OH)_2} = 1{,}2 \cdot 10^{-11}$.

Redoxreaktionen

33. Wertigkeit und Oxidationszahl

Neben der Wertigkeit (vgl. Kapitel 10.3; 21.1) ist für die Behandlung der Redoxreaktionen auch die Oxidationszahl von Bedeutung. Deshalb ist es nötig, hier zunächst etwas näher auf diese beiden Begriffe einzugehen.

Für die Wertigkeit von Ionen gilt, was in Kapitel 10.3 gesagt wurde: Die Wertigkeit gibt an, wie viele Elektronen ein Atom bei der Bildung einer Verbindung aufgenommen oder abgegeben hat. Mit Hilfe dieser Definition können die Wertigkeiten für sämtliche Ionen bestimmt werden, aus denen Säuren, Basen und Salze aufgebaut sind.

Schwierigkeiten treten erst auf, wenn Wertigkeiten wie diejenige von Schwefel im SO_4^{2-}-Ion oder von Chlor in $HClO_2$ bestimmt werden sollen. Da im Falle von SO_4^{2-} zwischen dem S-Atom und den vier O-Atomen Elektronenpaarbindungen bestehen, sind weder Elektronen aufgenommen noch abgegeben worden. Man kann also wohl sagen, daß das SO_4^{2-}-Ion als Ganzes −2-wertig ist, die Angabe der Wertigkeit des Schwefels im Sulfat-Ion ist dagegen nicht möglich.

Es hat sich jedoch gezeigt, daß man auch in diesen Fällen eine Wertigkeit, *Oxidationszahl* oder oxidative Wertigkeit genannt, angeben kann, wenn man dabei einige Regeln befolgt:

a) Zuerst nimmt man an, daß jede Verbindung aus einatomigen Ionen aufgebaut ist. Für die Verbindung $KMnO_4$ wird also anstelle des tatsächlichen Aufbaus aus K^+- und MnO_4^--Ionen angenommen, daß sie aus einatomigen K-, Mn- und O-Ionen besteht.

b) Die Elektronen einer Elektronenpaarbindung werden ganz zum stärker elektronegativen Atom gezählt.

c) Elektronenpaarbindungen zwischen zwei gleichen Atomen werden aufgeteilt.

d) Die Oxidationszahl von einatomigen Ionen ist gleich ihrer elektrischen Ladung.

e) Die Oxidationszahl von Atomen im elementaren Zustand ist Null.

Auf Grund dieser Regeln erhalten viele Elemente praktisch immer dieselbe Oxidationszahl:

Element	*Oxidationszahl*	*Begründung*
F	–1	Elemente mit der höchsten Elektronegativität treten nur mit negativer Oxidationszahl auf.
O	–2 *	Entsprechend der Stellung im periodischen System nimmt Fluor 1, Sauerstoff 2 Elektronen auf. In Elektronenpaarbindungen wird dank der hohen Elektronegativität nach b) das gemeinsame Elektronenpaar immer zu F bzw. O gezählt.
H	+ 1 **	Der Wasserstoff gibt sein Elektron in allen Verbindungen ab: Entweder tritt er als einatomiges Ion (d) oder als Partner in Elektronenpaarbindungen mit stärker elektronegativen Elementen wie F, O, N, C auf (b).
Li, Na, K, Rb, Cs	+ 1	Diese Elemente bilden einatomige Ionen, indem die *s*-Elektronen der äußersten Schale abgegeben werden. Die Oxidationszahl folgt deshalb aus (d).
Be, Mg, Ca, Sr, Ba	+ 2	

* Ausnahme: In Peroxoverbindungen hat Sauerstoff die Oxidationszahl –1 (z. B. Na_2O_2); in Sauerstoff-Fluor-Verbindungen ist sie nach b) +1 (F_2O_2) oder +2 (F_2O).
** Ausnahme: In Metallhydriden ist Wasserstoff – 1-wertig, z. B. Li^+H^-.

Nach dem Einsetzen dieser Werte bleibt in den meisten Molekülen nur eine einzige unbekannte Oxidationszahl übrig. Diese kann jedoch leicht ermittelt werden, da die Summe aller Oxidationszahlen in einem Molekül gleich Null, in einem Ion gleich der Ladung des Ions sein muß.

Einige Beispiele sollen das Verständnis des Begriffs der Oxidationszahl erleichtern. Es ist üblich, die Oxidationszahlen in kleinen Ziffern über das betreffende Atomsymbol zu setzen. Die Werte für O, H usw. können dabei, wenn nicht ein Ausnahmefall vorliegt, weggelassen werden.

Es soll die Oxidationszahl von Mangan in Kaliumpermanganat $KMnO_4$ bestimmt werden. Aus der Tabelle können die Oxidationszahlen von O (– 2) und von K (+ 1) entnommen werden. Die Oxidationszahl X_{Mn} von Mangan ergibt sich nun aus der einfachen Rechnung

$$1 + X_{Mn} + 4(-2) = 0, \qquad X_{Mn} = +7.$$

Damit lautet die vollständige Angabe $\overset{+1}{K}\overset{+7}{Mn}\overset{-2}{O}_4$, das Mangan weist im Kaliumpermanganat die Oxidationszahl + 7 auf.
Bei NF_3 und NH_3 liegen je drei Elektronenpaarbindungen vor. Da Fluor viel stärker elektronegativ ist als Stickstoff, sind bei NF_3 nach b) die gemeinsamen Elektronenpaare ganz den F-Atomen zuzuschreiben. Daraus folgt für die Oxidationszahl von N:

$$X_N + 3(-1) = 0, \qquad X_N = +3, \qquad \overset{+3}{N}F_3.$$

Im Fall von NH_3 ist jedoch der Stickstoff der Teil mit der höheren Elektronegativität, die Oxidationszahl von H ist + 1. Daher folgt:

$$X_N + 3 \cdot 1 = 0, \qquad X_N = -3, \qquad \overset{-3}{N}H_3.$$

Dieses Beispiel soll zeigen, daß viele Elemente in mehreren Oxidationsstufen auftreten können.

Liegt anstelle eines Moleküls ein Ion vor, so ist nur darauf zu achten, daß die Summe der Oxidationszahlen in diesem Fall mit der Wertigkeit des Ions übereinstimmen muß. Für die Oxidationszahl von Schwefel im SO_4^{2-}-Ion findet man deshalb:

$$X_S + 4(-2) = -2, \qquad X_S = +6, \qquad \overset{+6}{S}O_4^{2-}$$

Einige weitere Beispiele:

$HClO_2$:	$1 + X_{Cl} + 2(-2) = 0$	$X_{Cl} = +3$	$H\overset{+3}{Cl}O_2$
$K_2Cr_2O_7$:	$2 \cdot 1 + 2X_{Cr} + 7(-2) = 0$	$X_{Cr} = +6$	$K_2\overset{+6}{Cr}_2O_7$
CO_2:	$X_C + 2(-2) = 0$	$X_C = +4$	$\overset{+4}{C}O_2$
CH_3OH:	$X_C + 4 \cdot 1 + (-2) = 0$	$X_C = -2$	$\overset{-2}{C}H_3OH$
$P_2O_7^{4-}$:	$2X_P + 7(-2) = -4$	$X_P = +5$	$\overset{+5}{P}_2O_7^{4-}$

34. Definition der Begriffe Oxidation und Reduktion

34.1 *Ursprüngliche Bedeutung*

Mit dem Fortschritt der Chemie hat auch der Oxidations-Reduktions-Begriff eine Entwicklung zu einer immer weiter gefaßten Bedeutung durchgemacht. Wie schon der Name Oxidation sagt, verstand man darunter zunächst nur die Umsetzung eines Elements oder einer Verbindung mit Sauerstoff (lat. oxygenium). Es wurden also Reaktionen wie

$$2\,Mg + O_2 \longrightarrow 2\,MgO$$
$$4\,Fe + 3\,O_2 \longrightarrow 2\,Fe_2O_3$$
$$2\,H_2 + O_2 \longrightarrow 2\,H_2O$$
$$S + O_2 \longrightarrow SO_2$$

als Oxidationsreaktionen bezeichnet.

Die Reduktion war unter diesen Gesichtspunkten die Umkehrung des Oxidationsvorgangs (lat. *reducere* = zurückführen). Bei der Gewinnung von reinen Metallen, die in der Natur oft in Form der Oxide vorkommen, muß eine Reduktion durchgeführt werden. Man setzt zu diesem Zweck das Oxid mit einem sauerstoffentziehenden Reagens um, z. B. mit Kohlenmonoxid oder Wasserstoff:

$$Fe_2O_3 + 3\,CO \xrightarrow{\text{erhitzen}} 2\,Fe + 3\,CO_2$$

$$CuO + H_2 \xrightarrow{\text{erhitzen}} Cu + H_2O$$

Nach dieser ersten Definition bedeutet also Oxidation eine Umsetzung mit Sauerstoff, Reduktion einen Entzug von Sauerstoff.

34.2 *Erweiterung des Oxidations-Reduktions-Begriffs*

Bald wurde erkannt, daß Umsetzungen mit verschiedenen Nichtmetallen wie F_2, Cl_2, N_2 usw. der Umsetzung mit Sauerstoff sehr ähnlich sind. So verbrennt Eisen nicht nur in Sauerstoff-, sondern auch in Fluorgas; die Chlorknallgasreaktion ist der Knallgasreaktion $2\,H_2 + O_2 \rightarrow 2\,H_2O$ sehr ähnlich. Deshalb werden Reaktionen wie die beiden eben erwähnten

$$2\,Fe + 3\,F_2 \longrightarrow 2\,FeF_3$$

$$H_2 + Cl_2 \longrightarrow 2\,HCl$$

ebenfalls als Oxidationsreaktionen bezeichnet.

Das Gemeinsame an allen bisher genannten Reaktionen konnte jedoch erst erkannt werden, nachdem der Atombau und insbesondere das Verhalten der Elektronen genügend erforscht waren. Es zeigt sich nämlich, daß bei jeder Oxidation eines Stoffs diesem Elektronen entzogen werden:

$$Mg \longrightarrow Mg^{2+} + 2\,e^-$$

$$Fe \longrightarrow Fe^{3+} + 3\,e^-$$

Entsprechend handelt es sich bei der Reduktion um das Zufügen von Elektronen zu einem Atom oder Ion:

$$Cl_2 + 2\,e^- \longrightarrow 2\,Cl^-$$

$$Na^+ + e^- \longrightarrow Na$$

Allgemein formuliert, gilt also:

Oxidation = Elektronenabgabe: $A \longrightarrow A^{n+} + ne^-$
Reduktion = Elektronenaufnahme: $B + me^- \longrightarrow B^{m-}$

Daher können alle Reaktionen, bei denen Elektronen aufgenommen oder abgegeben werden, als Reduktions- und Oxidationsreaktionen zusammengefaßt werden.

34.3 *Redoxsysteme*

Eine zur Demonstration der Oxidation verwendete Reaktion wie

$$Fe \longrightarrow Fe^{3+} + 3\,e^-$$

läßt sich nicht isoliert realisieren. Die bei diesem Vorgang freiwerdenden Elektronen müssen durch einen andern Prozeß wieder aufgebraucht werden. Eine Reaktion, bei der Elektronen aufgenommen werden, ist aber nach Definition eine Reduktionsreaktion. Daraus folgt: Oxidations- und Reduktionsreaktionen können nicht isoliert vorkommen; die beiden Vorgänge sind immer gekoppelt. Eine Oxidationsreaktion und eine parallel dazu ablaufende Reduktionsreaktion bilden zusammen ein *Redoxsystem*.

Beachte, daß in jedem Redoxsystem die Zahl der durch die Reduktion verbrauchten Elektronen mit der Zahl der Elektronen, die bei der Oxidationsreaktion freiwerden, übereinstimmen muß. Um das zu erreichen, sind die einzelnen Gleichungen des Redoxsystems mit geeigneten Faktoren zu multiplizieren. Bei der Verbrennung von Eisen in Sauerstoff beispielsweise wird das Eisen oxidiert, der Sauerstoff reduziert:

$$Fe \xrightarrow{\text{Oxidation}} Fe^{3+} + 3\,e^- \qquad \Big| \quad \times 4$$
$$O_2 + 4\,e^- \xrightarrow{\text{Reduktion}} 2\,O^{2-} \qquad \Big| \quad \times 3$$

Stimmt die Zahl der Elektronen in den beiden Gleichungen überein, so findet man die Gesamtreaktion durch Addition der beiden Teilreaktionen:

$$4\,Fe \longrightarrow 4\,Fe^{3+} + 12\,e^-$$
$$3\,O_2 + 12\,e^- \longrightarrow 6\,O^{2-}$$
Teil- oder «Halb»-Reaktionen

$$4\,Fe + 3\,O_2 \longrightarrow 2\,Fe_2O_3$$
Gesamtreaktion

Weitere Beispiele für Redoxsysteme:

$$\begin{array}{rcl|l} Na & \longrightarrow & Na^+ + e^- & \times 2 \\ Cl_2 + 2\,e^- & \longrightarrow & 2\,Cl^- & \\ \hline 2\,Na + Cl_2 & \longrightarrow & 2\,NaCl & \end{array}$$

$$\begin{array}{rcl} Br_2 + 2\,e^- & \longrightarrow & 2\,Br^- \\ 2\,I^- & \longrightarrow & I_2 + 2\,e^- \\ \hline Br_2 + 2\,I^- & \longrightarrow & 2\,Br^- + I_2 \end{array}$$

Ein Stoff, der eine große Tendenz zur Elektronenabgabe hat und deshalb die für eine Reduktionsreaktion notwendigen Elektronen zur Verfügung stellen kann, wird als *Reduktionsmittel* bezeichnet. Starke Reduktionsmittel sind alle Metalle, die leicht Elektronen abgeben, wie Alkalimetalle, Aluminium, Zink usw.

Entsprechend sind *Oxidationsmittel* Stoffe, die einen starken Elektronenhunger aufweisen und deshalb andere Stoffe oxidieren können, indem sie ihnen Elektronen entziehen. Die Halogene und Sauerstoff, die eine starke Tendenz haben, durch Elektronenaufnahme eine Edelgaskonfiguration zu erreichen, sind Beispiele für Oxidationsmittel.

Unter Berücksichtigung dieser Begriffe kommt man zu einer allgemeinen Formulierung für Redoxvorgänge:

$$\begin{array}{lcl} \text{Reduzierte Form} & \xrightarrow{\text{Oxidation}} & \text{Oxidierte Form} + \text{Elektronen} \\ = \text{Reduktionsmittel} & \xleftarrow[\text{Reduktion}]{} & = \text{Oxidationsmittel} \end{array}$$

z. B. $Fe^{2+} \rightleftharpoons Fe^{3+} + e^-$
$2\,Cl^- \rightleftharpoons Cl_2 + 2\,e^-$

Fe^{2+} und Fe^{3+} oder Cl_2 und Cl^- bilden zusammen ein *Redoxpaar* (auch korrespondierendes Redoxpaar genannt). Ein Redoxsystem besteht immer aus zwei kombinierten Redoxpaaren.

In allen Redoxpaaren ist es möglich, die oxidierte Form als Oxidationsmittel und die reduzierte Form als Reduktionsmittel anzuwenden, doch kann die Wirksamkeit sehr unterschiedlich sein (die Wirkung von Cl_2 als Oxidationsmittel ist viel stärker als die Wirkung von Cl^- als Reduktionsmittel).

34.4 *Disproportionierung*

Bei der Disproportionierung handelt es sich um einen Spezialfall von Redoxreaktionen. Das besondere daran ist, daß ein Ausgangsstoff gleichzeitig reduziert und oxidiert wird. Erhitzt man z. B. Kaliumchlorat $KClO_3$, so wird das Chlor disproportioniert:

$$4\,K\overset{+5}{Cl}O_3 \xrightarrow{\text{erwärmen}} K\overset{-1}{Cl} + 3\,K\overset{+7}{Cl}O_4$$

Hier finden nebeneinander die Übergänge $\overset{+5}{Cl} \rightarrow \overset{-1}{Cl}$ und $\overset{+5}{Cl} \rightarrow \overset{+7}{Cl}$ statt. Für die Aufstellung von Disproportionierungssystemen gilt alles unverändert, was über die Redoxsysteme gesagt wurde.

Die Disproportionierung tritt häufig auf, besonders bei Nichtmetallen, die in mehreren Oxidationsstufen auftreten können. Einige weitere Beispiele:

$$3\,H\overset{+3}{N}O_2 \rightleftharpoons H\overset{+5}{N}O_3 + 2\,\overset{+2}{N}O + H_2O$$

$$3\,H\overset{+1}{Br}O \xrightarrow{\text{erwärmen}} 2\,H\overset{-1}{Br} + H\overset{+5}{Br}O_3$$

$$\overset{0}{Cl_2} + H_2O \longrightarrow H\overset{-1}{Cl} + H\overset{+1}{Cl}O$$

$$3\,\overset{-2}{P_2}H_4 \xrightarrow{\text{Licht}} 4\,\overset{-3}{P}H_3 + 2\,\overset{0}{P}$$

35. Normalpotentiale. Spannungsreihe

35.1 *Experimentelle Befunde*

Steckt man einen Zinkstab in eine Lösung von Kupfersulfat $CuSO_4$, so wird er sofort von einer dünnen Schicht von metallischem Kupfer überzogen. Bei diesem gut sichtbaren Vorgang sind also Cu^{2+}-Ionen zu Cu-Atomen reduziert worden. Die dazu notwendigen Elektronen wurden von Zinkatomen geliefert, die dabei in Zn^{2+}-Ionen übergegangen sind. Es hat also ein Redoxvorgang stattgefunden:

$$Zn \longrightarrow Zn^{2+} + 2\,e^-$$

$$Cu^{2+} + 2\,e^- \longrightarrow Cu$$

$$Cu^{2+} + Zn \longrightarrow Cu + Zn^{2+}$$

Verfährt man umgekehrt, indem man einen Kupferstab in eine $ZnSO_4$-Lösung taucht, so tritt keine Reaktion ein. Das metallische Kupfer ist also nicht imstande, die zur Reduktion von Zn^{2+}-Ionen notwendigen Elektronen zur Verfügung zu stellen.

Bringt man hingegen den Kupferstab in eine Lösung von Silbernitrat $AgNO_3$, so wird er sofort versilbert. Das zugehörige Redoxsystem ist:

$$\begin{array}{rcl|l} Cu & \longrightarrow & Cu^{2+} + 2\,e^- & \\ Ag^+ + e^- & \longrightarrow & Ag & \times 2 \\ \hline 2\,Ag^+ + Cu & \longrightarrow & 2\,Ag + Cu^{2+} & \end{array}$$

Diese Reihe von Experimenten läßt sich mit Hilfe von weitern Metallen beliebig erweitern.

Ordnet man die Metalle nach ihrer Fähigkeit, andere Metalle durch Reduktion aus deren wäßrigen Salzlösungen auszuscheiden, so erhält man die sogenannte *Spannungsreihe:*

$$\underbrace{\mathrm{K\ Ca\ Na\ Mg\ Al}}_{\text{Leichtmetalle (unedel)}}\ \ \underbrace{\mathrm{Mn\ Zn\ Cr\ Fe\ Cd\ Co\ Ni\ Sn\ Pb}}_{\text{Schwermetalle (unedel)}}\ \ \mathrm{H_2}\ \ \underbrace{\mathrm{Cu\ Ag\ Hg}}_{\text{Halbedelmetalle}}\ \ \underbrace{\mathrm{Au\ Pt}}_{\text{Edelmetalle}}$$

Diese Reihe kann ganz empirisch abgeleitet werden, indem man Versuchsreihen nach dem oben vorgeführten Muster durchführt. Schon aus dieser einfachen Aufstellung lassen sich manche Regeln ableiten:

Alle Metalle links vom Wasserstoff (unedle Metalle) lösen sich in Säuren unter Bildung von H_2-Gas, z. B.

$$Zn + 2\,H^+ \longrightarrow Zn^{2+} + H_2$$

Die edlen Metalle, die in der Spannungsreihe rechts vom Wasserstoff stehen, lösen sich in Säuren wie HCl nicht (eventuell aber in oxidierenden Säuren, vgl. Kapitel 36.2, drittes Beispiel).

Greift man ein Element aus der Spannungsreihe heraus, z. B. Eisen Fe, so kann man sagen, daß elementares Eisen alle Metalle, die weiter rechts stehen (edler sind als Fe), aus ihren Lösungen verdrängen kann, z. B.:

$$Fe + Sn^{2+} \longrightarrow Fe^{2+} + Sn$$

Zwischen Eisen und Ionen von Metallen, die in der Spannungsreihe weiter links stehen (unedler sind als Fe), tritt hingegen keine Reaktion ein.

35.2 *Galvanische Elemente*

Mit der bis jetzt verwendeten Versuchsanordnung (z. B. Zinkstab in $CuSO_4$-Lösung) kann die Redoxreaktion $Cu^{2+} + Zn \rightarrow Cu + Zn^{2+}$ nicht näher untersucht werden. Die Elektronenübergänge zwischen den vier beteiligten Teilchensorten Cu^{2+}, Cu, Zn^{2+} und Zn finden an der Oberfläche des Metallstabs in atomaren Bereichen statt und entziehen sich so jedem Meßversuch.

Aus der Reaktionsgleichung $Cu^{2+} + Zn \rightarrow Cu + Zn^{2+}$ kann entnommen werden, daß das Zink Elektronen an das Kupfer abgibt; zwischen den beiden Metallen fließt also ein Strom (bewegte elektrische Ladung = elektrischer Strom). Man kann ihn messen, wenn man die Versuchsanordnung so variiert, daß die beiden Teilreaktionen $Cu^{2+} + 2\,e^- \rightarrow Cu$ und $Zn \rightarrow Zn^{2+} + 2\,e^-$ in getrennten Gefäßen stattfinden. Im DANIELL-Element (Fig. 14) wird das durch Einführen eines Diaphragmas (poröse Scheidewand, *D* in Fig. 14) erreicht. Das hat zur Folge, daß der Elektronenübergang auf dem Umweg über einen Leitungsdraht, der die beiden Metallstäbe miteinander verbindet, erfolgt.

Wenn von der Zn- zur Cu-Elektrode ein Strom fließt, so muß daraus geschlossen werden, daß zwischen den Systemen Zn/Zn^{2+} und Cu/Cu^{2+} eine Spannung, ein Potentialgefälle besteht.

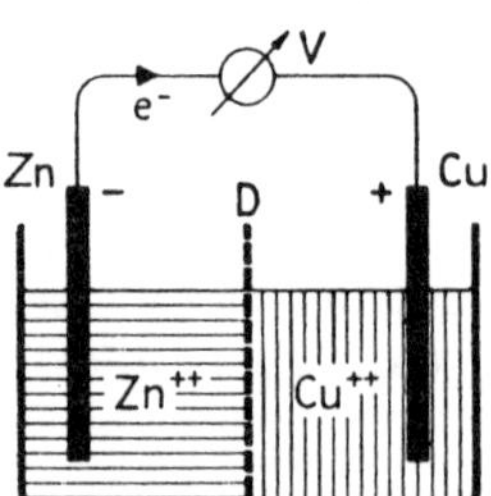

Fig. 14. DANIELL-Element

D Diaphragma
V Voltmeter
$\overrightarrow{e^-}$ Richtung der Elektronenwanderung[1]

[1] Beachte: $\oplus$ ← Physikalische Definition der Stromrichtung — Elektronenwanderung → $\ominus$

Diese Spannung oder elektromotorische Kraft *E* des Elements kann mit einem in den Verbindungsdraht eingeschalteten Voltmeter (*V* in Fig. 14) gemessen werden. Für das DANIELL-Element beträgt sie 1,1 Volt, wenn die Lösungen von Cu^{2+} und Zn^{2+} je 1-molar sind.

Die Versuchsanordnung von Fig. 14 kann auch für die Untersuchung von beliebigen anderen Redoxreaktionen verwendet und z. B. mit Cu/Cu^{2+} und Ag/Ag^{+} beschickt werden. Diese Einrichtungen werden als *galvanische Elemente* bezeichnet (nach LUIGI GALVANI, italienischer Anatom, 1737–1787). Zu jedem galvanischen Element gehört bei Verwendung von 1-molaren Lösungen ein ganz bestimmtes Potential *E*.

35.3 *Potentialbildung an den Elektroden*

Zum vollständigen Verständnis der Potentiale ist es nötig, genauer auf die Vorgänge einzugehen, die sich an den Elektroden eines galvanischen Elements abspielen. Wie erklärt man sich das Zustandekommen eines Potentials?

Zwischen einem Metallstab und einer zugehörigen Metallsalzlösung besteht ein Gleichgewicht. Metallatome gehen als Ionen in Lösung. Die dabei freiwerdenden Elektronen verbleiben im Metallstab, der dadurch gegen die Lösung negativ aufgeladen wird. Von dieser negativen Elektrode werden jedoch wieder Metallionen angezogen und entladen:

$$\mathrm{Me} \rightleftharpoons \mathrm{Me}^{n+} + n\,e^{-} \qquad (41)$$

Im Gleichgewichtszustand, wenn die beiden Übergänge pro Zeiteinheit gleich oft auftreten, stellt sich zwischen der Elektrode und der Lösung ein bestimmtes Potential ein, dessen Größe und Vorzeichen von den Eigenschaften des betrachteten Metalls abhängen.

Bei den unedlen Metallen (z. B. Zn) werden leicht Ionen gebildet. Das Gleichgewicht (41) liegt in diesem Fall mehr auf der rechten Seite. Dadurch entsteht in der Elektrode ein Elektronenüberschuß; sie wird gegen die Lösung negativ aufgeladen. Bei den edlen Metallen (z. B. Cu) hingegen herrscht die Tendenz zur Elektronenaufnahme vor, das Gleichgewicht (41) ist hier mehr auf die linke Seite verschoben. Durch den Übertritt von Ionen auf die Elektrode entsteht ein Elektronendefizit im Metallstab. Dieser wird daher gegen die Lösung positiv aufgeladen.

Aus diesen Gründen wird in jedem galvanischen Element das edlere Metall (größere Tendenz zur Elektronenaufnahme) zur positiven, das unedlere Metall (größere Tendenz zur Elektronenabgabe) zur negativen Elektrode.

35.4 *Messung von Normalpotentialen*

Mit galvanischen Elementen können nur Potentialdifferenzen gemessen werden. Über die Einzelpotentiale, die zu jeder Reaktion wie etwa

$$Zn \rightleftharpoons Zn^{2+} + 2\,e^-$$

oder $$Cu \rightleftharpoons Cu^{2+} + 2\,e^-$$

gehören, kann jedoch nichts ausgesagt werden. Zudem resultiert aus der großen Zahl von möglichen galvanischen Elementen (jedes Metall kann mit jedem andern Metall zu einem Element kombiniert werden) eine unübersehbare Menge von Zahlenangaben. Man hat daher ein Bezugssystem geschaffen und willkürlich dem Einzelpotential $H_2/2\,H^+$ den Wert 0,000 Volt zugeordnet.

Erstellt man nun eine Versuchsanordnung, bei der auf der einen Seite eine Wasserstoffelektrode eingebaut ist (Fig. 15), so können die Einzelpotentiale von sämtlichen Redoxpaaren gegen diese Nullelektrode (= Bezugselektrode) gemessen werden. Dank der Festlegung des Potentials der Wasserstoffelektrode als 0,000 Volt entspricht die in der Anordnung von Fig. 15 gemessene Potentialdifferenz dem Einzelpotential des untersuchten Redoxpaars (z. B. von Cu/Cu^{2+})

Die praktische Durchführung dieser Messungen ist allerdings nicht einfach. Spezielle Sorgfalt erfordert die Konstruktion der Nullelektrode. Die in Fig. 15 dargestellte Normal-Wasserstoffelektrode besteht aus einem Platinblech, das von einer dünnen Schicht Platinschwamm (fein-

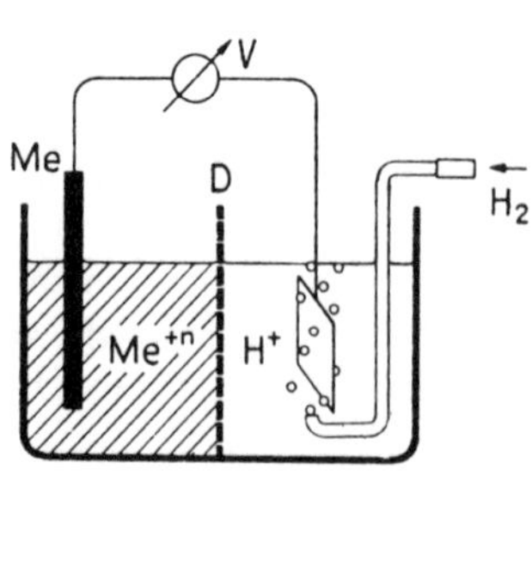

Fig. 15

verteiltes Platin, Oberflächenvergrößerung!) bedeckt ist. Das Platin kann große Mengen Wasserstoffgas absorbieren. Führt man, wie in Fig. 15 angedeutet, H_2-Gas über die Oberfläche des Platins, so wirkt diese nachher, wie wenn sie aus reinem Wasserstoff bestehen würde. Für die Messungen sind folgende Bedingungen einzuhalten: Der H_2-Druck muß 1 Atmosphäre betragen. In der Lösung, welche die Wasserstoffelektrode umgibt, muß die Konzentration der freien H^+-Ionen genau 1 sein. Die Versuchstemperatur soll 25°C betragen. Für diese Normal-Wasserstoffelektrode gilt der Potentialwert 0,000 Volt. In die zweite Zelle des galvanischen Elements können nun ein Metall und eine zugehörige Salzlösung gebracht werden (z. B. Cu und $CuSO_4$). Die Konzentration der Metallionen in der Lösung soll dabei 1-molar sein. Die unter Einhaltung sämtlicher Bedingungen mit dieser Anordnung gemessenen Potentialwerte werden als *Normalpotentiale* E_0 bezeichnet.
Ordnet man die Metalle nach steigendem Normalpotential, so erhält man die schon erwähnte Spannungsreihe (Tabelle siehe Kapitel 35.6).

35.5 *Kompliziertere Redoxgleichungen,* pH-*abhängige Redoxreaktionen*

Bis jetzt wurden nur Reaktionen gezeigt, die vom pH (Säurestärke, vgl. Kapitel 24) der verwendeten Lösungen unabhängig sind. Sollen jedoch Anionen wie MnO_4^-, CrO_4^{2-} oder NO_3^- reduziert werden, so hängt der Verlauf der Reaktion vom pH-Wert der Lösung ab. Bei der Reduktion werden hier O^{2-}-Ionen frei, die in wäßriger Lösung nicht beständig sind. Sie verbinden sich in saurer Lösung sofort mit H^+-Ionen zu Wasser, in alkalischen Lösungen mit H_2O-Molekülen zu OH^--Ionen. Der Verlauf derartiger Reaktionen hängt also davon ab, ob die Lösung sauer oder alkalisch ist; in der Reaktionsgleichung treten H^+- bzw. OH^--Ionen auf.

Für die Reduktion des Permanganat-Ions MnO_4^- zum Mn^{2+}-Ion in saurer Lösung gehört die Gleichung

$$\overset{+7}{Mn}O_4^- + 8\,H^+ + 5\,e^- \longrightarrow \overset{+2}{Mn}{}^{2+} + 4\,H_2O$$

Die Aufstellung dieser etwas komplizierteren Redoxgleichungen gelingt leicht, wenn man die folgenden Regeln beachtet:

- Es ist unbedingt notwendig, die Oxidationszahl des betreffenden Elements am Anfang und am Ende der Reaktion zu kennen (hier wird z. B. $\overset{+7}{Mn}$ zu $\overset{+2}{Mn}$ reduziert).
- Aus der Änderung der Oxidationszahl folgt die Zahl der für die Reaktion notwendigen Elektronen (hier 5, da die Oxidationszahl um 5 Einheiten sinkt).
- Werden bei der Reaktion mO^{2-}-Ionen frei, so sind $2mH^+$-Ionen zuzuführen, damit sich Wasser bilden kann (hier ist $m = 4$, daher sind 8 H^+-Ionen nötig).

Die Reduktion von $\overset{+7}{Mn}$ zu $\overset{+2}{Mn}$ läßt sich somit nur in saurer Lösung durchführen.

In alkalischer Lösung nimmt die Reaktion einen andern Verlauf, indem die freiwerdenden O^{2-}-Ionen mit Wasser vereinigt werden ($O^{2-} + H_2O \rightarrow 2\,OH^-$). Zudem führt hier die Reduktionsreaktion nur bis zur Oxidationsstufe $\overset{+4}{Mn}$; es entsteht der schwerlösliche Braunstein MnO_2:

$$\overset{+7}{Mn}O_4^- + 2\,H_2O + 3\,e^- \longrightarrow \overset{+4}{Mn}O_2 + 4\,OH^-$$

Hier gelten dieselben Regeln wie oben, mit Ausnahme der dritten. Im Fall der Redoxreaktion in alkalischer Lösung müssen m H_2O-Moleküle zugeführt werden, die mit den freigesetzten m O^{2-}-Ionen zu $2m$ OH^--Ionen reagieren.

Weitere Beispiele für pH-abhängige Redoxreaktionen können der Tabelle im folgenden Abschnitt entnommen werden.

35.6 *Normalpotentiale*

Über die Wahl der Vorzeichen für die Potentiale ist bis jetzt noch keine Einigung erzielt worden. Meist werden die Normalpotentiale der unedlen Metalle, die in der Spannungsreihe links vom Wasserstoff stehen, mit einem negativen, diejenigen der edlen Metalle mit einem positiven Vorzeichen versehen. Diese Festlegung entspricht den physikalischen Tatsachen, indem in einem galvanischen Element mit einer Wasserstoffelektrode die unedlen Metalle zum negativen, die edlen Metalle hingegen zum positiven Pol des Elements werden (vgl. Kapitel 35.3). Viele Autoren, namentlich amerikanische, verteilen jedoch die Vorzeichen gerade umgekehrt.

In der Tabelle auf Seite 138 steht links das Redoxpaar mit den Oxidationszahlen in römischen Ziffern, dann folgt die zugehörige Redoxgleichung und in der letzten Kolonne der zugehörige Wert des Normalpotentials E_0. Alle Reaktionen werden nach Übereinkunft so formuliert, daß links die reduzierte Form, rechts die oxidierte Form und die nötige Anzahl Elektronen steht. Läuft eine Reaktion also von links nach rechts, so handelt es sich um eine Oxidation, im umgekehrten Fall um eine Reduktion.

In der Tabelle erkennt man, von oben nach unten gelesen, die Spannungsreihe wieder, doch ist sie noch um einige Angaben über Nichtmetalle und metallhaltige Anionen erweitert worden. Bei der Auswahl wurden vor allem die analytisch wichtigen Redoxpaare berücksichtigt. Das Normalpotential ist ein Maß für die Tendenz eines Atoms, unter Elektronenabgabe in Ionen überzugehen. Diese ist bei den unedlen Metallen am größten und entspricht der geringen Ionisierungsspannung dieser Elemente. Je edler jedoch ein Metall ist, um so schwächer wird die Tendenz zur Elektronenabgabe; der Wert des Normalpotentials steigt an.

Nachdem nun die E_0-Werte für alle Redoxpaare bekannt sind, ist es einfach, die Spannung (elektromotorische Kraft) für beliebige galvanische Elemente anzugeben. Sie setzt sich aus den Einzelpotentialen zusammen und wird als Differenz $E_{0,1} - E_{0,2}$ gefunden (Spannung = Potentialgefälle). Fig. 16 zeigt die graphische Lösung dieser Aufgabe. Für das schon behandelte DANIELL-Element sind die Einzelpotentiale $E_{0,Zn} = -0{,}76$ Volt und $E_{0,Cu} = 0{,}35$ Volt.

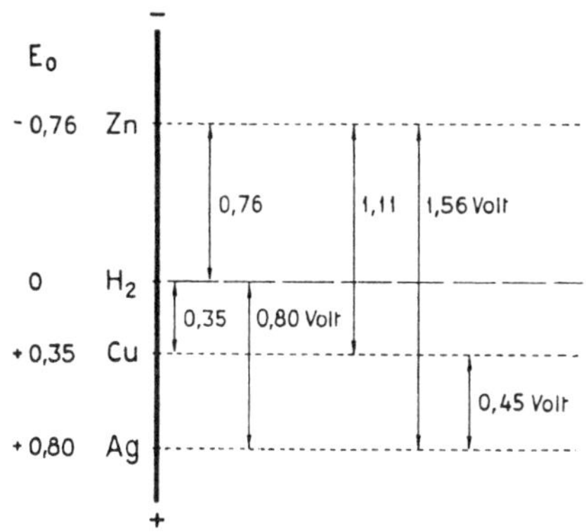

Fig. 16

Daraus folgt:

$$E_{Cu/Zn} = E_{0,Cu} - E_{0,Zn} = 0{,}35 - (-0{,}76) = 1{,}11 \text{ Volt.}$$

Das läßt sich auch aus Fig. 16 entnehmen. Entsprechend ist

$$E_{Ag/Zn} = 0{,}80 - (-0{,}76) = 1{,}56 \text{ Volt.}$$

Diese Differenz kann auch umgekehrt gebildet werden. Dabei kommt bis aufs Vorzeichen dasselbe Resultat heraus:

$$E_{Zn/Ag} = -0{,}76 - 0{,}80 = -1{,}56 \text{ Volt.}$$

Bei der Verwendung der galvanischen Elemente interessiert man sich nur für den Betrag der Spannung, die ein Element liefern kann (das Vorzeichen gibt nur die Richtung an, in der die Elektronen fließen). Deshalb wird die elektromotorische Kraft eines Elements ohne Vorzeichen angegeben. Folglich ist es gleichwertig, ob die Potentialdifferenz als $E_{0,1} - E_{0,2}$ oder $E_{0,2} - E_{0,1}$ gebildet wird. Der elektromotorischen Kraft eines galvanischen Elements entspricht in Fig. 16 der Abstand der Potentiallinien der beiden zugehörigen Redoxpaare.

Galvanische Elemente, z. B. das in Fig. 14 dargestellte DANIELL-Element, können als *Batterien* verwendet werden. Der vom Zn zum Cu fließende Strom kann zum Betreiben eines elektrischen Apparats benutzt werden. Wenn man nachher einen elektrischen Strom in der umgekehrten Richtung durch die Anordnung schickt, so wird die vorher erfolgte stoffliche Änderung in der Batterie rückgängig gemacht, wenn der zugehörige Redoxvorgang reversibel ist; die Batterie wird wieder aufgeladen:

$$Zn + Cu^{2+} \underset{\text{Aufladen}}{\overset{\text{Stromentnahme}}{\rightleftarrows}} Zn^{2+} + Cu$$

Normalpotentiale E_0 in saurer Lösung (25°C)

Redoxpaar	Reaktion			E_0 Volt
Li(0)–Li(1)	Li	$\rightleftharpoons$	$Li^+ + e^-$	– 3,02
K(0)–K(I)	K	$\rightleftharpoons$	$K^+ + e^-$	– 2,92
Ba(0)–Ba(II)	Ba	$\rightleftharpoons$	$Ba^{2+} + 2\,e^-$	– 2,90
Ca(0)–Ca(II)	Ca	$\rightleftharpoons$	$Ca^{2+} + 2\,e^-$	– 2,87
Na(0)–Na(I)	Na	$\rightleftharpoons$	$Na^+ + e^-$	– 2,71
Mg(0)–Mg(II)	Mg	$\rightleftharpoons$	$Mg^{2+} + 2\,e^-$	– 2,34
Al(0)–Al(III)	Al	$\rightleftharpoons$	$Al^{3+} + 3\,e^-$	– 1,67
Zn(0)–Zn(II)	Zn	$\rightleftharpoons$	$Zn^{2+} + 2\,e^-$	– 0,76
Fe(0)–Fe(II)	Fe	$\rightleftharpoons$	$Fe^{2+} + 2\,e^-$	– 0,44
Sn(0)–Sn(II)	Sn	$\rightleftharpoons$	$Sn^{2+} + 2\,e^-$	– 0,136
Pb(0)–Pb(II)	Pb	$\rightleftharpoons$	$Pb^{2+} + 2\,e^-$	– 0,126
Fe(0)–Fe(III)	Fe	$\rightleftharpoons$	$Fe^{3+} + 3\,e^-$	– 0,036
H(0)–H(I)	H_2	$\rightleftharpoons$	$2\,H^+ + 2\,e^-$	0,000
Sn(II)–Sn(IV)	Sn^{2+}	$\rightleftharpoons$	$Sn^{4+} + 2\,e^-$	0,15
S(IV)–S(VI)	$H_2SO_3 + H_2O$	$\rightleftharpoons$	$SO_4^{2-} + 4\,H^+ + 2\,e^-$	0,20
Cu(0)–Cu(II)	Cu	$\rightleftharpoons$	$Cu^{2+} + 2\,e^-$	0,35
O(–I)–O(0)	H_2O_2	$\rightleftharpoons$	$O_2 + 2\,H^+ + 2\,e^-$	0,68
Fe(II)–Fe(III)	Fe^{2+}	$\rightleftharpoons$	$Fe^{3+} + e^-$	0,77
Ag(0)–Ag(I)	Ag	$\rightleftharpoons$	$Ag^+ + e^-$	0,80
Hg(0)–Hg(II)	Hg	$\rightleftharpoons$	$Hg^{2+} + 2\,e^-$	0,85
N(III)–N(V)	$HNO_2 + H_2O$	$\rightleftharpoons$	$NO_3^- + 3\,H^+ + 2\,e^-$	0,94
N(II)–N(V)	$NO + 2\,H_2O$	$\rightleftharpoons$	$NO_3^- + 4\,H^+ + 3\,e^-$	0,96
Cl(V)–Cl(VII)	$ClO_3^- + H_2O$	$\rightleftharpoons$	$ClO_4^- + 2\,H^+ + 2\,e^-$	1,00
Br(–I)–Br(0)	$2\,Br^-$	$\rightleftharpoons$	$Br_2 + 2\,e^-$	1,07
Cl(–I)–Cl(0)	$2\,Cl^-$	$\rightleftharpoons$	$Cl_2 + 2\,e^-$	1,36
Cr(III)–Cr(VI)	$2\,Cr^{3+} + 7\,H_2O$	$\rightleftharpoons$	$Cr_2O_7^{2-} + 14\,H^+ + 6\,e^-$	1,36
Au(0)–Au(III)	Au	$\rightleftharpoons$	$Au^{3+} + 3\,e^-$	1,42
Mn(II)–Mn(VII)	$Mn^{2+} + 4\,H_2O$	$\rightleftharpoons$	$MnO_4^- + 8\,H^+ + 5\,e^-$	1,52
O(–II)–O(–I)	$2\,H_2O$	$\rightleftharpoons$	$H_2O_2 + 2\,H^+ + 2\,e^-$	1,77
F(–I)–F(0)	$2\,F^-$	$\rightleftharpoons$	$F_2 + 2\,e^-$	2,85

36. Anwendungen

36.1 *Voraussagen über den Verlauf von Redoxreaktionen*

Die Kenntnis der Normalpotentiale erlaubt es vorauszusagen, ob und wie eine Redoxreaktion abläuft. Was geschieht z. B., wenn man Eisen in eine Lösung von Zinnchlorid $SnCl_2$ gibt? In welcher Richtung läuft die Reaktion

$$Fe + Sn^{2+} \overset{?}{\rightleftarrows} Fe^{2+} + Sn \qquad (42)$$

Aus der Tabelle können die zugehörigen Normalpotentiale entnommen werden:

$$Fe \rightleftharpoons Fe^{2+} + 2\,e^- \qquad E_0 = -0{,}44 \text{ Volt} \qquad (43)$$
$$Sn \rightleftharpoons Sn^{2+} + 2\,e^- \qquad E_0 = -0{,}14 \text{ Volt} \qquad (44)$$

Daraus geht hervor, daß Zinn edler ist als Eisen (höherer E_0-Wert). Im System mit dem höheren Normalpotential (hier Sn/Sn^{2+}) besteht immer eine Tendenz zur Elektronenaufnahme, die Reaktion (44) wird also von rechts nach links laufen (Reduktionsreaktion). Der Übergang Fe/Fe^{2+} mit dem tieferen E_0-Wert wird hingegen von links nach rechts laufen, da hier eine Tendenz zur Elektronenabgabe herrscht (Oxidationsreaktion). Die auftretende Gesamtreaktion ergibt sich durch Addition der beiden Teilreaktionen (43) und (44):

$$Fe + Sn^{2+} \longrightarrow Fe^{2+} + Sn \qquad (42\,a)$$

Es wird also Zinn ausgeschieden, während das Eisen unter Oxidation zu Fe^{2+}-Ionen in Lösung geht.

Aus diesem Beispiel geht die allgemeingültige Regel für die Bestimmung des Verlaufs von Redoxreaktionen hervor:

In einem Redoxsystem führt das Redoxpaar mit dem höheren Normalpotential eine Reduktion, dasjenige mit dem tieferen Normalpotential eine Oxidation durch. Nach beendeter Reaktion liegt somit vom edleren Redoxpaar die reduzierte, vom unedleren die oxidierte Form vor.

Weitere Beispiele: Was geschieht, wenn man Silber mit Kupfersulfatlösung in Berührung bringt? Die fragliche Reaktion ist

$$2\,Ag + Cu^{2+} \overset{?}{\rightleftarrows} 2\,Ag^+ + Cu \qquad (45)$$

Aus den Normalpotentialen $E_{0,Cu} = 0{,}35$ Volt und $E_{0,Ag} = 0{,}80$ Volt ist ersichtlich, daß Silber edler ist als Kupfer. Daher wird die Reaktion (45) so verlaufen, daß am Ende das Silber als Ag, das Kupfer als Cu^{2+} vorliegt. Das war jedoch schon zu Beginn des hier untersuchten Experiments der Fall; deshalb wird hier keine Reaktion eintreten.

Kann man mit elementarem Brom Sn^{2+} zu Sn^{4+} oxidieren? Aus der Tabelle der Normalpotentiale können die betreffenden Redoxpaare entnommen werden:

$$Sn^{2+} \rightleftharpoons Sn^{4+} + 2\,e^- \qquad E_0 = 0{,}15 \text{ Volt} \tag{46}$$
$$2\,Br^- \rightleftharpoons Br_2 + 2\,e^- \qquad E_0 = 1{,}07 \text{ Volt} \tag{47}$$

Das Redoxpaar $Br_2/2\,Br^-$ weist das höhere Normalpotential auf und neigt daher zur Elektronenaufnahme. Die zum Übergang von Br_2 in $2\,Br^-$ benötigten Elektronen werden dem Sn^{2+} entzogen; die Reaktion (46) läuft von links nach rechts. Die Oxidation von Sn^{2+} zu Sn^{4+} mit Brom ist also möglich. Die zugehörige Reaktionsgleichung erhält man duch Addition der Teilreaktionen (46) und (47):

$$Sn^{2+} + Br_2 \longrightarrow Sn^{4+} + 2\,Br^-$$

36.2 *Bestimmung der Koeffizienten von chemischen Reaktionsgleichungen*

Voraussetzung für die Aufstellung einer chemischen Reaktionsgleichung ist, daß sämtliche beteiligten Ausgangsstoffe und Endprodukte bekannt sind. Weiß man etwa, daß die Umsetzung von Kaliumdichromat mit Natriumsulfit in saurer Lösung nach

$$K_2Cr_2O_7 + Na_2SO_3 + HCl \longrightarrow CrCl_3 + KCl + Na_2SO_4 + H_2O$$

vor sich geht, so hat man mit dieser Formulierung zwar das Ergebnis der Reaktion beschrieben, doch handelt es sich dabei noch nicht um eine chemische Gleichung. Es sind jetzt noch die zu den einzelnen Posten gehörenden Koeffizienten zu bestimmen, und zwar so, daß die drei folgenden Bedingungen erfüllt werden:

- Jede an der Reaktion beteiligte Atomsorte muß auf beiden Seiten der Gleichung gleich oft vertreten sein.
- Die beiden Seiten der Gleichung müssen in der Summe der elektrischen Ladungen übereinstimmen.

– Die beiden Seiten der Gleichung müssen in der Summe der Oxidationszahlen übereinstimmen.

Wie das hier angeführte Beispiel zeigt, kann die Bestimmung der Koeffizienten durch «Probieren» und Kombinieren recht langwierig sein. Viel rascher und sicherer kommt man zum Ziel, wenn man zur Lösung der Aufgabe ein Redoxsystem verwenden kann.
Dazu ist es nötig, zunächst die Oxidationszahlen von sämtlichen an der Reaktion beteiligten Elementen zu bestimmen, um festzustellen, ob und welche Elemente während der Umsetzung ihre Oxidationszahl verändern:

$$x\,K_2\overset{+6}{Cr}_2O_7 + y\,Na_2\overset{+4}{S}O_3 + z\,HCl \longrightarrow t\,\overset{+3}{Cr}Cl_3 + u\,KCl + v\,Na_2\overset{+6}{S}O_4 + w\,H_2O$$

Daraus ist ersichtlich, daß $\overset{+6}{Cr}$ zu $\overset{+3}{Cr}$ reduziert und $\overset{+4}{S}$ zu $\overset{+6}{S}$ oxidiert wird. Die Aufstellung des zugehörigen Redoxsystems erfolgt am besten so, daß zuerst die Oxidationsreaktion und darunter die Reduktionsreaktion formuliert wird (vgl. dazu die Tabelle auf S. 138):

$$\begin{array}{rcl|l} SO_3^{2-} + H_2O & \longrightarrow & SO_4^{2-} + 2\,H^+ + 2\,e^- & 3 \\ Cr_2O_7^{2-} + 14\,H^+ + 6\,e^- & \longrightarrow & 2\,Cr^{3+} + 7\,H_2O & \\ \hline Cr_2O_7^{2-} + 3SO_3^{2-} + 14H^+ + 3H_2O + 6e^- & \longrightarrow & 2Cr^{3+} + 3SO_4^{2-} + 6H^+ + 7H_2O + 6e^- & \end{array}$$

oder geordnet und zusammengefaßt

$$Cr_2O_7^{2-} + 3SO_3^{2-} + 8\,H^+ \longrightarrow 2\,Cr^{3+} + 3\,SO_4^{2-} + 4\,H_2O$$

Aus dieser Gesamtgleichung folgt sofort

$x=1$, $t=2$, $y=v=3$, $z=8$, $w=4$ und schließlich $u=2$, da auf der linken Seite 2 K vorliegen. Die vollständige Reaktionsgleichung lautet somit:

$$K_2Cr_2O_7 + 3Na_2SO_3 + 8HCl \longrightarrow 2\,CrCl_3 + 2KCl + 3Na_2SO_4 + 4H_2O$$

Die Anwendung der Redoxsysteme auf die Aufstellung von chemischen Gleichungen soll noch an weiteren Beispielen gezeigt werden:

In der Reaktion

$$x\,H_3\overset{+3}{P}O_3 \rightarrow y\,\overset{-3}{P}H_3 + z\,H_3\overset{+5}{P}O_4$$

wird phosphorige Säure beim Erhitzen zu Phosphin und Phosphorsäure umgesetzt. Dabei wird der Phosphor disproportioniert, indem einerseits der Übergang $\overset{+3}{P} \rightarrow \overset{-3}{P}$ (Reduktion), andererseits der Übergang $\overset{+3}{P} \rightarrow \overset{+5}{P}$ (Oxidation) erfolgt. Das zugehörige Redoxsystem ist:

$$\begin{array}{rcl|c} H_3PO_3 + H_2O & \longrightarrow & H_3PO_4 + 2H^+ + 2\,e^- & 3 \\ H_3PO_3 + 6H^+ + 6e^- & \longrightarrow & PH_3 + 3H_2O & \\ \hline 4H_3PO_3 & \longrightarrow & PH_3 + 3H_3PO_4 & \end{array}$$

Aus der Gesamtgleichung für diese Disproportionierung sind die gesuchten Koeffizienten sogleich zu entnehmen: $x = 4$, $y = 1$, $z = 3$.

Es soll die Reaktionsgleichung aufgeschrieben und begründet werden, nach der sich Kupfer in Salpetersäure HNO_3 löst. Es wurde schon erwähnt, daß nur die unedlen Metalle sich in Säuren wie HCl unter H_2-Entwicklung auflösen. Kupfer ist aber edler als Wasserstoff und kann deshalb die H^+-Ionen nicht zu elementarem Wasserstoff reduzieren. Das in der Salpetersäure enthaltene NO_3^--Ion ist jedoch ein starkes Oxidationsmittel. Der leicht ablaufende Übergang von $\overset{+5}{N}O_3^-$-Ionen in $\overset{+2}{N}O$-Moleküle verbraucht 3 Elektronen, die dem Kupfer entzogen werden. Durch Summieren der beiden Redoxgleichungen erhält man die gesuchte Reaktionsgleichung:

$$\begin{array}{rcl|c} Cu & \longrightarrow & Cu^{2+} + 2e^- & 3 \\ NO_3^- + 4H^+ + 3e^- & \longrightarrow & NO + 2H_2O & 2 \\ \hline 3\,Cu + 2NO_3^- + 8H^+ & \longrightarrow & 3Cu^{2+} + 2NO + 4H_2O & \end{array}$$

Um die 8 H^+-Ionen zu erhalten, werden 8 HNO_3 verwendet, wodurch gleichzeitig aus den restlichen NO_3^-- und den Cu^{2+}-Ionen das Salz Cu-nitrat gebildet wird. So erhält man die vollständige Reaktionsgleichung für die Auflösung von Kupfer in Salpetersäure:

$$3\,Cu + 8\,HNO_3 \longrightarrow 3\,Cu(NO_3)_2 + 2\,NO + 4\,H_2O$$

Aus den Redoxgleichungen ist ersichtlich, daß nicht die H^+-Ionen, sondern die als Oxidationsmittel wirkenden NO_3^--Ionen für die Auflösung des Kupfers verantwortlich sind. Man bezeichnet deshalb in dieser Weise wirkende Säuren als *oxidierende Säuren.*

Aus dem Potentialwert $E_0 = 0{,}96$ Volt für den Übergang NO_3^-/NO folgt, daß in der Salpetersäure oxidativ alle Metalle gelöst werden, deren Normalpotential zwischen 0 und 0,96 Volt liegt. Die unedlen Metalle lösen sich auch in verdünnter Salpetersäure unter H_2-Entwicklung.

37. Übungsbeispiele (Lösungen vgl. S. 156)

Sämtliche zur Lösung der Aufgaben benötigten Redoxgleichungen und E_0-Werte sind in der Tabelle in Kapitel 33.6 enthalten.

1. Bestimme die Oxidationszahlen der Elemente in den folgenden Verbindungen:

a) Na_2SO_3	b) NH_3	c) K_2CrO_4	d) $Na_2B_4O_7$
e) $NaClO_4$	f) N_2O	g) HNO_3	h) S_8
i) FeF_3	k) $KOBr$	l) $K_2S_2O_7$	m) $KMnO_4$

2. Berechne die elektromotorische Kraft (Spannung) für die folgenden galvanischen Elemente:

a) $Zn/Zn^{2+} - Pb/Pb^{2+}$ b) $Fe/Fe^{2+} - Sn/Sn^{2+}$
c) $Cu/Cu^{2+} - Ag/Ag^{+}$ d) $Zn/Zn^{2+} - Hg/Hg^{2+}$

3. Was geschieht, wenn man die folgenden Reagenzien zusammenbringt:

a) Zink und eine Lösung von Bleinitrat $Pb(NO_3)_2$
b) Kupfer und eine Lösung von Zinnchlorid $SnCl_2$
c) Eisen und eine Lösung von Kupfersulfat $CuSO_4$
d) Zink und eine Lösung von Quecksilberchlorid $HgCl_2$
e) Silber und eine Lösung von Eisen(II)-sulfat $FeSO_4$

Begründe die Antworten mit Hilfe der Redoxgleichungen und der E_0-Werte.

4. Welche der folgenden Metalle lösen sich in Salzsäure, welche in Salpetersäure? Begründung!

Na Ag Ca Fe Au Hg Zn Pb

5. Für die folgenden Reaktionsgleichungen sind mit Hilfe eines Redoxsystems die Koeffizienten zu bestimmen:

a) $x\,K_2Cr_2O_7 + y\,KI + z\,H_2SO_4 \rightarrow t\,Cr_2(SO_4)_3 + u\,I_2 + v\,K_2SO_4 + w\,H_2O$.
b) $m\,KMnO_4 + n\,HNO_2 + o\,H_2SO_4 \rightarrow p\,MnSO_4 + q\,K_2SO_4 + r\,HNO_3 + s\,H_2O$.
c) $k\,NH_2OH \rightarrow l\,NH_3 + m\,N_2O + n\,H_2O$.
d) $q\,FeO + r\,Al \rightarrow s\,Fe + t\,Al_2O_3$.
e) $x\,KIO_3 \rightarrow y\,KI + z\,O_2$.
f) $q\,I_2 + r\,HOCl + s\,H_2O \rightarrow t\,HIO_3 + u\,HCl$.
g) $m\,FeCl_3 + n\,H_2SO_3 + o\,H_2O \rightarrow p\,FeCl_2 + q\,H_2SO_4 + r\,HCl$.
h) $t\,SnCl_2 + u\,HgCl_2 \rightarrow v\,SnCl_4 + w\,Hg$.
i) $x\,KClO_3 \rightarrow y\,KClO_4 + z\,KCl$.

Radioaktivität

38. Die Entdeckung der Radioaktivität

Die Entdeckungen auf dem Gebiet der Radioaktivität haben in der Physik und in der Chemie zu sehr großen Fortschritten geführt. Die ersten Arbeiten stammen aus den letzten Jahren des 19. Jahrhunderts. Eine zunächst zusammenhangslose Reihe von Beobachtungen und Entdeckungen erfaßte die sicht- und meßbaren Auswirkungen der radioaktiven Erscheinungen.
So beobachtete HENRI BECQUEREL im Jahre 1896, daß uranhaltige Verbindungen eine Photoplatte im Dunkeln schwärzen. Von diesen Uranmineralien mußte also eine – allerdings noch unbekannte – Strahlung ausgehen.

Bereits 1898 gelang es MARIE und PIERRE CURIE, durch einen langwierigen Aufarbeitungsprozeß die beiden radioaktiven Elemente Radium und Polonium aus Joachimsthaler Pechblende (Uranerz) zu isolieren. Die Schwierigkeit des Verfahrens geht schon daraus hervor, daß eine Tonne Uranpechblende nur etwa 0,14 g Radium und 0,03 g Polonium enthält. Dennoch wurden beträchtliche Mengen dieser Elemente gewonnen, und zwar meist in Form der Chloride. Diese Präparate ermöglichten dank ihrer intensiveren Strahlung eine bessere Untersuchung der radioaktiven Erscheinungen als die radioaktiven Mineralien mit dem nur sehr geringen Gehalt an radioaktiven Elementen.

Das Vorkommen von Heliumgas in radioaktiven Mineralien war ein weiteres ungelöstes Problem. Dieses Helium mußte nach der Bildung der Erdkruste durch einen zunächst noch unbekannten Prozeß gebildet worden sein, da alle gasförmigen Elemente und Verbindungen vor der Erstarrung der Erdkruste in die Atmosphäre übergetreten sind.

Bei der Bestimmung des Atomgewichts von Blei ergab sich, daß dieses von der Art des untersuchten Erzes abhängt. Das in uranhaltigen Erzen gefundene Blei hat das Atomgewicht 206, dasjenige, das man in thoriumhaltigen Erzen findet, jedoch das Atomgewicht 208.

Der erste Schritt zur Erklärung all dieser Erscheinungen bestand in einer genauen Untersuchung der radioaktiven Strahlung durch RUTHERFORD (vgl. Kapitel 39.1) und führte im Jahre 1903 zur Theorie, daß die für radioaktive Stoffe typische Strahlung auf einem *spontanen Zerfall* der radioaktiven Elemente beruhe.

39. Natürliche Radioaktivität

39.1 *Die radioaktive Strahlung*

Von natürlichen radioaktiven Stoffen, z. B. von einem Uranerz oder von reinem Radium, können drei verschiedene Arten von Strahlungen ausgehen, zwei korpuskulare und eine elektromagnetische:

α-Strahlung besteht aus α-Teilchen (= Heliumkerne), also aus je zwei Protonen und Neutronen. Diese Teilchen werden praktisch nur von schweren Kernen emittiert (Massenzahl größer als 200).

β-Strahlung besteht aus Elektronen. Hier ist vor allem zu beachten, daß diese β-Elektronen aus dem Kern stammen, wo sie nach

$$n \longrightarrow p^+ + e^-$$

aus Neutronen unter gleichzeitiger Bildung von Protonen entstanden sind. β-Strahlung tritt sowohl beim Zerfall von schweren radioaktiven Kernen als auch beim Zerfall von natürlichen radioaktiven Isotopen leichter Elemente (z. B. $^{40}_{19}K$, $^{87}_{37}Rb$) auf. Sie verändert das zahlenmäßige Verhältnis von Protonen und Neutronen im Kern (ein Neutron geht in ein Proton über), nicht aber die Massenzahl des Kerns.

γ-Strahlung: Hier handelt es sich im Gegensatz zu den beiden eben genannten korpuskularen Strahlungen um elektromagnetische Wellen. Der sehr geringen Wellenlänge dieser Strahlung ($\lambda = 1/100$ Å, 1 Å $= 10^{-8}$ cm) entspricht eine hohe Energie und Durchdringungsfähigkeit. Die γ-Strahlung wird auch als harte Röntgenstrahlung bezeichnet. Sie tritt als Begleiterscheinung von α- und vor allem von β-Strahlung, in manchen Fällen auch allein auf und hat keine Änderung der Kernzusammensetzung zur Folge.
Die Trennung und Unterscheidung dieser drei Strahlensorten erfolgt so, daß man sie durch ein Magnetfeld schickt (Fig. 17). Die aus relativ schweren, positiv geladenen Teilchen bestehende α-Strahlung wird schwach

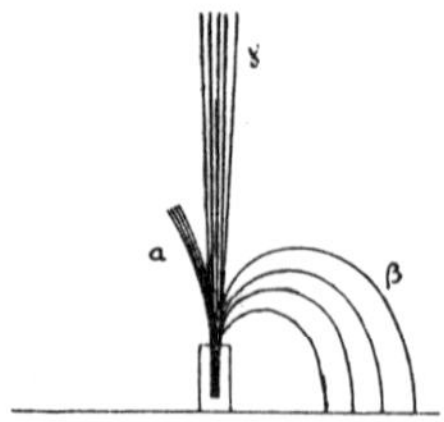

Fig. 17

nach der einen, die aus den viel leichteren, negativ geladenen Elektronen bestehende β-Strahlung stark nach der anderen Seite abgelenkt. Die ladungsfreie γ-Strahlung erfährt keine Ablenkung.

Fortpflanzungsgeschwindigkeit, Reichweite und Durchdringungsfähigkeit dieser drei Strahlungen nehmen in der Reihenfolge α, β, γ stark zu.

39.2 *Die Verschiebungsgesetze*

Radioaktive Elemente weisen instabile Kerne auf. Diese gehen durch Emission einer bestimmten Zahl von α- und β-Strahlen in stabile Kerne über. Die Verschiebungsgesetze beschreiben, wie sich die Massenzahl M (= Summe Protonenzahl + Neutronenzahl, auf ganze Zahl gerundetes Atomgewicht) und die Ordnungszahl Z bei der Emission von α- bzw. β-Strahlung verändern.

Bei α-Strahlung (Emission eines Heliumkerns) nimmt die Massenzahl um vier, die Ordnungszahl um zwei Einheiten ab[1].

Allgemein $\quad {}^{M}_{Z}A \longrightarrow {}^{M-4}_{Z-2}B + {}^{4}_{2}He$

z. B. $\quad {}^{238}_{92}U \longrightarrow {}^{234}_{90}Th + {}^{4}_{2}He$

Die Abgabe von α-Strahlung hat eine Elementumwandlung zur Folge. Es ensteht dabei ein Isotop des Elements, das im periodischen System zwei Stellen links vom Ausgangselement steht.

Bei β-Strahlung (Emission von Elektronen) bleibt die Massenzahl unverändert, die Ordnungszahl steigt um eine Einheit. Das stimmt mit der Überlegung überein, daß das ausgesandte Elektron im Kern nach $n \rightarrow p^{+} + e^{-}$

1 In der hier verwendeten Schreibweise erhalten die Elementarteilchen die folgenden Symbole:

Proton	p^{+} oder ${}^{1}_{1}H$	Neutron	${}^{1}_{0}n$
Elektron	${}^{0}_{-1}e^{-}$	α-Teilchen	${}^{4}_{2}He$

entstanden ist. Das gleichzeitig gebildete Proton erhöht die Ordnungszahl um 1 und bewirkt, daß ein Isotop des Elements entsteht, das im periodischen System rechts neben dem Ausgangselement steht.

Allgemein $^{M}_{Z}A \longrightarrow ^{M}_{Z+1}B + ^{0}_{-1}e^{-}$

z. B. $^{40}_{19}K \longrightarrow ^{40}_{20}Ca + ^{0}_{-1}e^{-}$

39.3 *Die Halbwertszeit*

Der natürliche Zerfall von radioaktiven Elementen verläuft geordnet und wird durch die Angabe der Halbwertszeit $t_{1/2}$ charakterisiert. Man versteht darunter die Zeit, die verstreicht, bis von einer vorgelegten Menge eines radioaktiven Isotops die Hälfte zerfallen ist.

Die Größe der Halbwertszeit für radioaktive Zerfallsreaktionen bewegt sich zwischen Bruchteilen von Sekunden und Zeiträumen von einigen Billionen Jahren.

Von einer bestimmten Menge, z. B. 100 Gramm, radioaktivem Phosphor $^{32}_{15}P$ mit der Halbwertszeit $t_{1/2} = 14{,}3$ Tage werden also nach Ablauf von 14,3 Tagen noch genau 50 Gramm, nach 28,6 Tagen ($= 2\ t_{1/2}$) noch 25 Gramm vorhanden sein usw.

39.4 *Zerfallsreihen*

Bei Elementen mit sehr hoher Ordnungs- und Massenzahl erfolgen meist mehrere Zerfallsreaktionen mit α- oder β-Strahlung hintereinander. Dabei werden nacheinander Isotope verschiedener Elemente gebildet, die alle radioaktiv sind und zusammen eine Zerfallsreihe bilden. Am Ende jeder Zerfallsreihe steht ein stabiles Isotop.

Als Beispiel sei hier die natürliche Zerfallsreihe von $^{238}_{92}U$ erwähnt. Es sind insgesamt vier Zerfallsreihen bekannt, drei natürliche und eine künstliche. Bei den stabilen Endprodukten der drei natürlichen Zerfallsreihen handelt es sich um drei verschiedene Blei-Isotope. Das erklärt die in der Einleitung erwähnte Beobachtung, daß das Atomgewicht von Blei von der Art des untersuchten Erzes abhängt. Die Anwesenheit von Heliumgas in radioaktiven Mineralien geht auf die α-Emission zurück.

Die folgende Aufstellung enthält einige Angaben über die vier Zerfallsreihen:

Zerfallsreihe	Ausgangs-isotop	Stabiles Endprodukt	Abgegebene Teilchen	
			α	β
Thoriumreihe	$^{232}_{90}Th$	$^{208}_{82}Pb$	6	4
Neptuniumreihe	$^{237}_{93}Np$	$^{209}_{83}Bi$	7	4
Uranreihe	$^{238}_{92}U$	$^{206}_{82}Pb$	8	6
Actino-Uran-Reihe	$^{235}_{92}U$	$^{207}_{82}Pb$	7	4

Die Neptuniumreihe wird als künstliche Zerfallsreihe bezeichnet, weil das Ausgangsisotop $^{237}_{93}Np$ künstlich aus $^{238}_{92}U$ hergestellt werden muß. Das Angangsglied jeder Reihe zeichnet sich durch eine hohe Halbwertszeit aus (z. B. $^{238}_{92}U$: $t_{1/2} = 4{,}51 \cdot 10^9$ y, $^{232}_{90}Th$: $t_{1/2} = 1{,}41 \cdot 10^{10}$ y).

Isotop, Strahlung	$t_{1/2}$	Isotop, Strahlung	$t_{1/2}$
$^{238}_{92}U$	$4{,}51 \cdot 10^9$ y	$^{214}_{82}Pb$	26,8 m
↓ α		↓ β	
$^{234}_{90}Th$	24,1 d	$^{214}_{83}Bi$	19,7 m
↓ β,γ		↓ β	
$^{234}_{91}Pa$	1,17 m	$^{214}_{84}Po$	$1{,}64 \cdot 10^{-4}$ s
↓ β,γ		↓ α	
$^{234}_{92}U$	$2{,}47 \cdot 10^5$ y	$^{210}_{82}Pb$	21 y
↓ α		↓ β,γ	
$^{230}_{90}Th$	$8{,}0 \cdot 10^4$ y	$^{210}_{83}Bi$	5,01 d
↓ α		↓ β	
$^{226}_{88}Ra$	1600 y	$^{210}_{84}Po$	138,4 d
↓ α		↓ α,γ	
$^{222}_{86}Rn$	3,823 d	$^{206}_{82}Pb$	stabil
↓ α			
$^{218}_{84}Po$	3,05 m		
↓ α			

Uran 238-Zerfallsreihe; y = Jahre, d = Tage, m = Minuten, s = Sekunden

Natürliche Radioaktivität tritt außerdem auch bei einigen leichteren Elementen auf. Es handelt sich dabei um die neun Isotope $^{3}_{1}H$, $^{14}_{6}C$, $^{40}_{19}K$, $^{87}_{37}Rb$, $^{115}_{49}In$, $^{150}_{60}Nd$, $^{152}_{62}Sm$, $^{176}_{71}Lu$ und

$^{187}_{75}Re$, die mit Ausnahme von $^{152}_{62}Sm$ (α-Zerfall) alle unter Abgabe von β-Strahlung zerfallen. Entsprechend den hohen Halbwertszeiten von bis zu 10^{12} Jahren ist ihre Aktivität gering.

40. Kernreaktionen

Die Erkenntnisse auf dem Gebiet der natürlichen Radioaktivität führten bald zu Versuchen, Kernreaktionen und damit auch Elementumwandlungen künstlich durchzuführen. Es zeigte sich dabei, daß durch die Anwendung geeigneter Methoden bei sämtlichen bekannten Atomen künstliche Kernreaktionen hervorgerufen werden können.

Das Verfahren besteht immer darin, daß man Atomkerne mit kleinen Teilchen, meist mit α-Teilchen, Protonen oder Neutronen, beschießt. Da die von natürlichen radioaktiven Elementen ausgehende Strahlung meist viel zu energiearm ist, müssen die Geschoßteilchen zuerst auf genügend hohe Geschwindigkeiten beschleunigt werden, wenn man eine brauchbare Wirkung erzielen will.

40.1 *Einfache Kernreaktionen*

Die erste künstlich durchgeführte Elementumwandlung gelang RUTHERFORD im Jahre 1919 beim Beschuß von gewöhnlichem Stickstoff $^{14}_{7}N$ mit α-Teilchen:

$$^{14}_{7}N + ^{4}_{2}He \longrightarrow ^{17}_{8}O + ^{1}_{1}H$$

Damit war, wenn auch auf einem ganz anderen Weg, ein Ziel erreicht worden, das schon den Alchemisten des 17. Jahrhunderts vorschwebte, als sie versuchten, verschiedene unedle Rohstoffe in Gold umzuwandeln.

Einfache Kernreaktionen sind bereits in großer Zahl durchgeführt worden. Sie beruhen alle auf dem Prinzip der eben gezeigten Reaktion von RUTHERFORD. In jedem Fall bewirkt der Beschuß mit energiereichen kleinen Teilchen Veränderungen im Kern. Trifft ein Geschoßteilchen auf einen Kern auf, so wird es von diesem zunächst aufgenommen. Damit kann die Reaktion beendet sein, meist kommt es jedoch gleichzeitig zu einer Emission von anderen Kernbausteinen. Zur Illustration seien noch einige Beispiele angeführt:

$$^{9}_{4}Be + ^{4}_{2}He \longrightarrow ^{12}_{6}C + ^{1}_{0}n$$ [1]

$$^{12}_{6}C + ^{1}_{1}H \longrightarrow ^{13}_{7}N$$

$$^{7}_{3}Li + ^{1}_{1}H \longrightarrow 2\,^{4}_{2}He$$

[1] Diese Reaktion führte im Jahre 1932 zur Entdeckung des Neutrons durch CHADWICK.

40.2 *Künstliche radioaktive Isotope*

Oft kommt es vor, daß das Endprodukt einer Kernreaktion instabil, radioaktiv ist. Die erste Herstellung eines künstlichen radioaktiven Isotops wurde von IRÈNE CURIE und F. JOLIOT im Jahre 1934 durchgeführt:

$$^{27}_{13}Al + ^{4}_{2}He \longrightarrow ^{1}_{0}n + ^{30}_{15}P$$

Der dabei gebildete radioaktive Phosphor geht durch Positronenstrahlung[1] in Silicium über:

$$^{30}_{15}P \longrightarrow ^{30}_{14}Si + ^{1}_{0}e^{+} \qquad t_{1/2} = 2{,}5 \text{ Minuten.}$$

Besonders wichtig sind ein anderes radioaktives Phosphor- und ein Kohlenstoffisotop, die ebenfalls künstlich hergestellt werden können:

$$^{14}_{7}N + ^{1}_{0}n \longrightarrow ^{14}_{6}C + ^{1}_{1}H \qquad t_{1/2} = 5730 \text{ Jahre,}$$

$$^{31}_{15}P + ^{1}_{0}n \longrightarrow ^{32}_{15}P \qquad t_{1/2} = 14{,}3 \text{ Tage.}$$

Diese radioaktiven Isotope senden nur eine schwache β-Strahlung aus. Da sie sich sehr gut dosieren lassen und beim Zerfall in für jeden Organismus unschädliche Elemente übergehen, eignen sie sich gut für biologische und medizinische Forschungsarbeiten (vgl. Kapitel 41.2).

40.3 *Die Kernspaltung*

Schwere Kerne (Massenzahl > 230) lassen sich durch langsame bis mittelschnelle Neutronen spalten. Die wichtigste Reaktion auf diesem Gebiet ist die 1939 von HAHN und STRASSMANN in Deutschland entdeckte Spaltung des $^{235}_{92}$Uranisotops. Der $^{235}_{92}$U-Kern nimmt das mit geringer Geschwindigkeit auftreffende Neutron auf und geht dabei in den sehr instabilen $^{236}_{92}$U-Kern über, der sofort in zwei verschiedene Bruchstücke und einige Neutronen zerfällt:

[1] Positronen: gleiche Eigenschaften wie Elektronen, jedoch entgegengesetzt gleich große Ladung. Sie entstehen nach $p^{+} \rightarrow n + e^{+}$ im Kern und treten u. a. beim Zerfall mancher künstlicher radioaktiver Isotope auf.

$$^{235}_{92}U + ^{1}_{0}n \longrightarrow [^{236}_{92}U]^{1} \longrightarrow X + Y + 1 \text{ bis } 3\ ^{1}_{0}n$$

X und Y sind die Kernbruchstücke. Bevorzugt sind dabei Isotope mit Massenzahlen um 95 und 140, doch wurden insgesamt schon etwa 300 Isotope mit Massenzahlen zwischen 60 und 170 als Spaltprodukte gefunden. Die Summe der Ordnungszahlen von X und Y muß in jedem Fall 92 ergeben. Beispiele:

$$^{235}_{92}U + ^{1}_{0}n \longrightarrow ^{236}_{92}U \begin{cases} \nearrow {}_{36}Kr + {}_{56}Ba \\ \rightarrow {}_{34}Se + {}_{58}Ce \\ \searrow {}_{42}Mo + {}_{50}Sn \end{cases} \left.\vphantom{\begin{matrix}a\\b\\c\end{matrix}}\right\} \begin{matrix} + 1 \text{ bis } 3\ ^{1}_{0}n \\ + \text{Energie} \end{matrix}$$

Die Kernbruchstücke X und Y ihrerseits sind wegen des hohen Neutronengehalts (beispielsweise haben die Bruchstücke Kr und Ba zusammen bis zu 12 Neutronen mehr als normale Kr- und Ba-Atome) wieder instabil und zerfallen meist unter β-Strahlung weiter.

Da bei jedem Spaltvorgang ein bis drei Neutronen entstehen, welche die Reaktion fortsetzen und die Spaltung von weiteren $^{235}_{92}U$-Kernen herbeiführen können, entwickelt sich eine *Kettenreaktion*. Diese nimmt bei Verwendung von reinem $^{235}_{92}U$ rasch einen ungeheuren Umfang an; es kommt zu einer Explosion (Atombombe). Damit es jedoch so weit kommt, muß die vorgelegte Uranmenge eine gewisse *kritische Menge* überschreiten, da sonst die aus Spaltreaktionen stammenden Neutronen das Uranstück verlassen, bevor sie durch Auftreffen auf ein $^{235}_{92}U$-Atom eine weitere Kernspaltung verursacht haben und damit verlorengehen. In diesem Fall würde die Kettenreaktion abbrechen.

Die Entdeckung der Kernspaltung hat vor allem deshalb eine große Bedeutung, weil bei diesem Vorgang gewaltige Energiemengen freiwerden. Da es technisch möglich geworden ist, die oben beschriebene Kettenreaktion unter Kontrolle zu halten, kann die Kernspaltung heute als Energiequelle verwendet werden (Atomreaktor).

[1] Die eckige Klammer bedeutet, daß die bei diesem Vorgang entstehende instabile Form von $^{236}_{92}U$ mit einer Halbwertszeit von 26,1 m gemeint ist. Daneben gibt es eine stabilere Form mit einer Halbwertszeit von $2{,}39 \cdot 10^7$ y. Die beiden Formen unterscheiden sich in der Anordnung der Protonen und Neutronen im Kern.

Der Zerfall von einem Mol $^{235}_{92}U$ zu $^{207}_{82}Pb$ liefert etwa $3{,}7 \cdot 10^9$ kcal. Das ergibt eine Energiemenge von $1{,}57 \cdot 10^{10}$ kcal pro Kilogramm gespaltenes $^{235}_{92}U$. Im Vergleich dazu liefert die Verbrennung von Kohle pro Kilogramm nur 6000 bis 8000 kcal.

Neben $^{235}_{92}U$ wird auch $^{239}_{94}Pu$ (Plutonium) zur Kernspaltung verwendet. Die Spaltung der übrigen schweren Kerne ($M > 230$) erfordert auf hohe Geschwindigkeiten beschleunigte Neutronen und ist deshalb energetisch weniger günstig und in der technischen Durchführung schwieriger.

41. Anwendungen

Die Anwendungsmöglichkeiten der Erkenntnisse auf dem Gebiet der Radioaktivität sind sehr zahlreich und noch lange nicht ausgeschöpft. Die Forschungen, die sich mit dem Kernbau und der Ausnützung der Kernenergie befassen, bilden heute ein Spezialgebiet der Physik: die Kernphysik. Auf eine Darstellung der daraus entwickelten physikalischen und technischen Anwendungen wird hier verzichtet, dafür soll noch auf einige für den Chemiker interessante Anwendungsbeispiele eingegangen werden.

41.1 *Herstellung von neuen Elementen*

Die Reihe der in der Natur vorkommenden Elemente führt bis zum Uran mit der Ordnungszahl 92. Die Kenntnisse über Kernreaktionen ermöglichen jedoch die künstliche Herstellung von neuen Elementen mit höheren Ordnungszahlen. Die Reihe dieser *Transurane* ist bereits bis zum Element mit der Ordnungszahl 106 vorgerückt. Zuerst wurden die Elemente Neptunium und Plutonium aus $^{238}_{92}U$ hergestellt:

$$^{238}_{92}U + ^{1}_{0}n \longrightarrow ^{239}_{92}U$$

$$^{239}_{92}U \xrightarrow[23{,}5\,m]{-\beta} ^{239}_{93}Np \xrightarrow[2{,}33\,d]{-\beta} ^{239}_{94}Pu \quad (t_{1/2} = 2{,}44 \cdot 10^4 \text{ Jahre})$$

In ähnlicher Weise werden Isotope von Elementen mit noch höherer Ordnungszahl hergestellt.

Die so gewonnenen neuen Elemente sind durchwegs radioaktiv. In der Natur kommen sie, mit Ausnahme des in ganz geringen Mengen gefundenen Neptuniums, nicht vor. Von den meisten Transuranen sind ziemlich stabile Isotope hergestellt worden:

Ordnungszahl	Symbol	Element	Stabilstes Isotop	$t_{1/2}$ (Jahre)	Entdeckt
93	Np	Neptunium	$^{237}_{93}Np$	$2{,}1 \cdot 10^6$	1940
94	Pu	Plutonium	$^{244}_{94}Pu$	$8{,}3 \cdot 10^7$	1940
95	Am	Americium	$^{243}_{95}Am$	$7{,}4 \cdot 10^3$	1944
96	Cm	Curium	$^{247}_{96}Cm$	$1{,}6 \cdot 10^7$	1944
97	Bk	Berkelium	$^{247}_{97}Bk$	$1{,}4 \cdot 10^3$	1949
98	Cf	Californium	$^{251}_{98}Cf$	800	1950
99	Es	Einsteinium	$^{254}_{99}Es$	276 d	1952
100	Fm	Fermium	$^{257}_{100}Fm$	80 d	1952
101	Md	Mendelevium	$^{258}_{101}Md$	54 d	1955
102	No	Nobelium	$^{255}_{102}No$	3 m	1958
103	Lr	Lawrencium	$^{260}_{103}Lr$	3 m	1961
104	(Ku)[1]	(Kurchatovium)	$^{257}_{104}Ku$	~ 5 s	1969
105	(Ha)[1]	(Hahnium)	$^{260}_{105}Ha$	1,6 s	1970
106	? [1]		$^{263}_{106}?$	~ 1 s	1974

d = Tage m = Minuten s = Sekunden

41.2 *Tracermethoden* [2]

Tracermethoden spielen vor allem bei biochemischen Arbeiten eine Rolle. Ersetzt man in einem organischen Molekül ein gewöhnliches $^{12}_{6}C$-Atom durch ein radioaktives Kohlenstoffisotop $^{14}_{6}C$, so kann man feststellen, welchen Weg dieses Molekül in einem Organismus zurücklegt. Die Untersuchung der Stoffwechselprodukte auf Radioaktivität liefert oft auch Angaben über die Art des Abbaus der untersuchten Molekülsorte im Organismus.

Radioaktive Atome werden oft auch zur Aufklärung von Reaktionsmechanismen verwendet, besonders in der organischen Chemie.

[1] Die Namen für diese Elemente sind noch nicht offiziell anerkannt; für das Element 106 ist noch keine Bezeichnung vorgeschlagen worden. Schon wegen der sehr kurzen Halbwertszeiten ist über die chemischen Eigenschaften dieser Elemente praktisch noch nichts bekannt.

[2] Engl. *to trace* = nachspüren.

41.3 *Altersbestimmungen*

Hat man den Gehalt eines radioaktiven Elements und der Zerfallsprodukte für ein Material bestimmt, so kann man dessen Alter angeben, wenn die zur vorliegenden Zerfallsreaktion gehörende Halbwertszeit bekannt ist.

Das Alter von uranhaltigen Mineralien wird nach der folgenden Überlegung bestimmt: Aus 1 g $^{238}_{92}U$ entstehen nach Ablauf der Halbwertszeit von 4,5 Milliarden Jahren 0,5 g $^{238}_{92}U$, 0,4326 g $^{206}_{82}Pb$ und 0,0674 g Helium (aus der α-Strahlung). Wäre das Gewichtsverhältnis von $^{4}_{2}He : ^{238}_{92}U$ in einem Mineral gleich 0,0674 : 0,5 (= 0,1348), so hätte das Mineral ein Alter von 4,5 Milliarden Jahren. Die tatsächlich gefundenen Werte von 0,08 bis 0,1 für $^{4}_{2}He : ^{238}_{92}U$ lassen auf ein Alter von etwa 3 Milliarden Jahre schließen.

Eine andere Methode erlaubt genauere Datierungen, ist aber auf etwa 30 000 Jahre beschränkt. In den oberen Schichten der Atmosphäre wird nach

$$^{14}_{7}N + ^{1}_{0}n \longrightarrow ^{14}_{6}C + ^{1}_{1}H$$

radioaktiver Kohlenstoff $^{14}_{6}C$ gebildet. Das CO_2 der Luft weist eine konstante Konzentration an radioaktivem Kohlenstoff auf, die sich durch die CO_2-Assimilation auch auf die Pflanzen überträgt. Lebende Pflanzenteile enthalten also eine bestimmte Konzentration an $^{14}_{6}C$, und zwar kommt auf 10^{12} gewöhnliche $^{12}_{6}C$-Atome ein radioaktives $^{14}_{6}C$-Atom. Beim Tod der Pflanze (z. B. Fällen eines Baums) hört die Zufuhr von $^{14}_{6}C$ auf, die vorhandene Menge dieses radioaktiven Elements beginnt zu zerfallen.

Nach Ablauf von 5730 Jahren (= $t_{1/2}$) ist noch die Hälfte, nach 11 460 Jahren (= 2 $t_{1/2}$) noch ein Viertel der ursprünglichen Menge von $^{14}_{6}C$ vorhanden. Entsprechend nimmt auch die Intensität der ausgesandten β-Strahlung, die man mit einem GEIGER-Zähler[1] messen kann, ab. Aus dem Vergleich der Strahlungsintensität von lebendem organischem Material mit derjenigen des zu datierenden Gegenstandes kann dessen Alter bestimmt werden.
So wurde für eine Planke des Leichenschiffs des ägyptischen Königs Seostris nach der $^{14}_{6}C$-Methode ein Alter von 3600 ± 200 Jahren gefunden. Das

[1] Da diese β-Strahlung sehr schwach ist, müssen spezielle GEIGER-Zählrohre oder Scintillationsmethoden verwendet werden.

stimmt mit dem aus geschichtlichen Quellen bekannten Alter dieser Planke von etwa 3750 Jahren gut überein.

Lösungen zu den Übungsbeispielen

zu Kapitel 32:

pH-*Berechnungen für Lösungen von starken Säuren und Basen*

1. a) $[H_3O^+] = 10^{-2}$ pH = 2 b) $[OH^-] = 10^{-1}$ pH = 13
   c) $[H_3O^+] = 5{,}6 \cdot 10^{-1}$ pH = 0,25 d) $[OH^-] = 3 \cdot 10^{-4}$ pH = 10,48

2. pH = 2,40 3. pH = 11,41 4. Die Lösung ist 0,833N, pH = 0,079

5. a) $5 \cdot 10^{-2}$N pH = 12,699 b) $4{,}54 \cdot 10^{-2}$N pH = 12,657

6. pH = 2,95 7. a) 0,1 ml b) 1 ml c) 0,1582 ml 8. 12,39N

pH-*Berechnungen für Lösungen von schwachen Säuren und Basen*

9. a) $[H_3O^+] = 1{,}34 \cdot 10^{-3}$, pH = 2,87 b) $[OH^-] = 4{,}18 \cdot 10^{-3}$, pH = 11,62
   c) $[H_3O^+] = 9{,}49 \cdot 10^{-4}$, pH = 3,02 d) $[OH^-] = 2{,}29 \cdot 10^{-3}$, pH = 11,36
   e) $[H_3O^+] = 2{,}08 \cdot 10^{-5}$, pH = 4,68 f) $[H_3O^+] = 2{,}915 \cdot 10^{-4}$, pH = 3,54

10. pH = 5,70 11. nach (15): pH = 3,071, nach (16): pH = 3,076

12. a) $\alpha = 7{,}64 \cdot 10^{-3}$ 0,764prozentige Protolyse
    b) $\alpha = 0{,}241$ 24,1prozentige Protolyse nach (19)
    $\alpha = 0{,}211$ 21,1prozentige Protolyse nach (18)

13. $c_a = 3{,}6 \cdot 10^{-5}$; hier darf Formel (19) nicht verwendet werden, da die Vernachlässigung von $\alpha = 0{,}5$ gegen 1 einen zu großen Fehler verursacht.

pH-*Berechnungen für Salzlösungen*

14. a) sauer b) basisch c) neutral (KOH und HCl stark!) d) sauer
    e) sauer f) basisch g) basisch h) neutral

15. a) pH = 4,88 b) pH = 11,42 c) pH = 8,82 d) pH = 9,08

Pufferlösungen

16. a) pH = 10,26 b) pH = 9,26 17. a) pH = 3,74 b) pH = 6,74

18. a) vorher: pH = 4,74 nachher: pH = 4,77 pH-Änderung: 0,03 pH-Einheiten
b) vorher: pH = 7 nachher: pH = 11,48 pH-Änderung: 4,48 pH-Einheiten

19. 36,9 g

Löslichkeitsprodukt

20. $1{,}05 \cdot 10^{-5}$ Mol/l 21. $2{,}16 \cdot 10^{-8}$

22. $[OH^-] = \sqrt{\frac{L}{[Mg^{2+}]}} = 4{,}47 \cdot 10^{-5}$; man benötigt 0,149 ml 0,3N NaOH.

zu Kapitel 37:

1. a) $Na_2\overset{+4}{S}O_3$ b) $\overset{-3}{N}H_3$ c) $K_2\overset{+6}{Cr}O_4$ d) $Na_2\overset{+3}{B_4}O_7$ e) $NaCl\overset{+7}{}O_4$ f) $\overset{+1}{N_2}O$
g) $H\overset{+5}{N}O_3$ h) $\overset{0}{S_8}$ (elementar) i) $\overset{+3}{Fe}F_3$ k) $KO\overset{+1}{Br}$ l) $K_2\overset{+6}{S_2}O_7$ m) $K\overset{+7}{Mn}O_4$

2. a) 0,634 V b) 0,304 V c) 0,455 V d) 1,61 V

3. a) $Zn + Pb^{2+} \rightarrow Zn^{2+} + Pb$ b) nichts c) $Fe + Cu^{2+} \rightarrow Fe^{2+} + Cu$
d) $Zn + Hg^{2+} \rightarrow Zn^{2+} + Hg$ e) nichts

4. Na, Ca, Fe, Zn und Pb lösen sich in HCl und HNO_3 unter H_2-Entwicklung (negativer E_0-Wert). Ag und Hg lösen sich dank der oxidierenden Wirkung des Nitrations in HNO_3, da ihre Normalpotentiale zwischen 0 und 0,96 Volt (= E_0 von NO_3^-/NO) liegen. Nur Gold ($E_0 = 1{,}42$ Volt) ist in beiden Säuren unlöslich.

5. a) $x = t = 1$, $y = 6$, $z = w = 7$, $u = 3$, $v = 4$.
b) $m = p = 2$, $n = r = 5$, $o = s = 3$, $q = 1$.
c) $k = 4$, $l = 2$, $m = 1$, $n = 3$.
Auf die Angabe aller Lösungen kann hier verzichtet werden, da man sich durch Abzählen leicht selbst davon überzeugen kann, ob die Aufgabe richtig gelöst ist. In diesem Fall muß jede Atomsorte auf beiden Seiten der Gleichung gleich oft vertreten sein.

Notizen

Sachwortregister

Dr. Heinz Kaufmann
Basel

Grundlagen der organischen Chemie

8. Auflage 1988
248 Seiten, Broschur
ISBN 3-7643-2213-6

Der Schwerpunkt dieser kurzen Einführung in die organische Chemie liegt auf der Behandlung der theoretischen Grundlagen. Nach einer eingehenden Besprechung der Bindungsverhältnisse in organischen Verbindungen werden im Abschnitt «Isomerie und Stereochemie» die räumlichen Strukturen der Moleküle untersucht. Die wichtigsten chemischen Reaktionen werden auf Grund ihres Verlaufs in verschiedenen Reaktionstypen zusammengefaßt und jeweils durch Beispiele illustriert. Eine ausführliche systematische Übersicht über die verschiedenen Klassen organisch chemischer Verbindungen und deren Nomenklatur beschließt den Text.

Birkhäuser Verlag
Basel · Boston · Berlin